Super M

Mathematik für alle

3

Herausgegeben von
Ursula Manten
Gudrun Hütten
Klaus Heinze

Erarbeitet von
Ulrike Braun
Gudrun Hütten
Ursula Manten
Gabi Viseneber

Illustrationen von
Martina Leykamm
Dorothee Mahnkopf

Cornelsen

Das war …

Hundertertafel

1	2	3	4	5	6	7	8	9	10
11	12	13	14	15	16	17	18	19	20
21	22	23	24	25	26	27	28	29	30
31	32	33	34	35	36	37	38	39	40
41	42	43	44	45	46	47	48	49	50
51	52	53	54	55	56	57	58	59	60
61	62	63	64	65	66	67	68	69	70
71	72	73	74	75	76	77	78	79	80
81	82	83	84	85	86	87	88	89	90
91	92	93	94	95	96	97	98	99	100

Zeit und Länge

Halbschriftlich addieren und subtrahieren

65 + 27 = 92
65 + 20 = 85
85 + 7 = 92

92 − 27 = 65
92 − 7 = 85
85 − 20 = 65

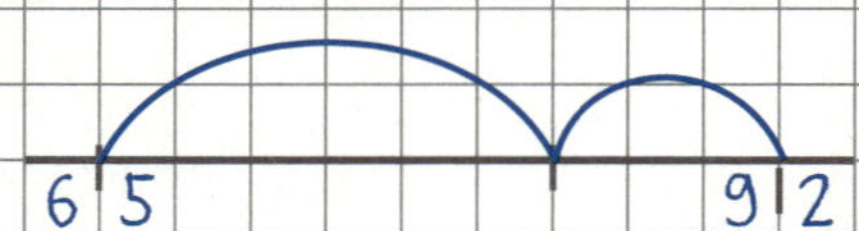

65 + 27 = 92
60 + 20 = 80
5 + 7 = 12

Geometrische Muster

Sachrechnen

Das weiß ich schon.
Das will ich wissen.
So finde ich das heraus.
Das weiß ich jetzt.

Kleines Einmaleins

•	1	2	3	4	5	6	7	8	9	10
1	1	2	3	4	5	6	7	8	9	10
2	2	4	6	8	10	12	14	16	18	20
3	3	6	9	12	15	18	21	24	27	30
4	4	8	12	16	20	24	28	32	36	40
5	5	10	15	20	25	30	35	40	45	50
6	6	12	18	24	30	36	42	48	54	60
7	7	14	21	28	35	42	49	56	63	70
8	8	16	24	32	40	48	56	64	72	80
9	9	18	27	36	45	54	63	72	81	90
10	10	20	30	40	50	60	70	80	90	100

$6 \cdot 7 = 42$ $\quad 42 : 7 = 6$

Rückschau auf wesentliche Inhalte aus Klasse 2: Hundertertafel/Zehnersystem, Größenbereiche, halbschriftlich rechnen, Einmaleins, Lösungsschema Sachrechnen

E ▶ 1 AH ▶ 3 A ▶ 1

Zahlen bis 1000

H	Z	E				
● ● ● ●	● ●	●		4	2	1
4	0	0				
	2	0				
		1				

Schriftlich addieren und subtrahieren

	H	Z	E
	2	7	6
+	3	1 ($_1$)	5
	5	9	1

	H	Z	E
	5	9	1
−	3	1 ($_1$)	5
	2	7	6

Halbschriftlich multiplizieren

4 · 126 = 504
4 · 100 = 400
4 · 20 = 80
4 · 6 = 24

… und dividieren

369 : 3 = 123
300 : 3 = 100
60 : 3 = 20
9 : 3 = 3

Längen

1 Kilometer = 1000 Meter
1 km = 1000 m

Gewichte

1 Kilogramm = 1000 Gramm
1 kg = 1000 g

Körper und Netze

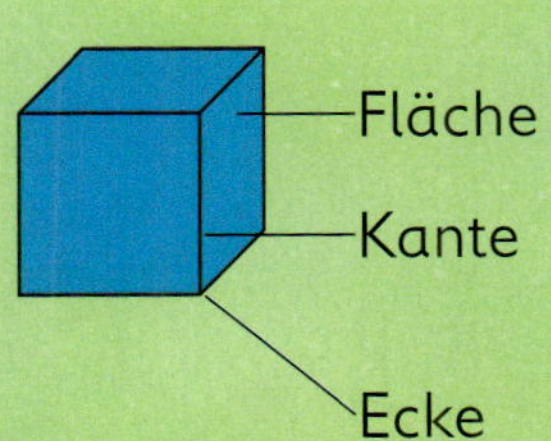

Würfel

Würfelnetz

Zeit

Düsseldorf Hbf
→ **Frankfurt (Main) Hbf**

Ab	Zug	Umsteigen	An	Ab	Zug	An	Verkehrstage
3:02	IC 2021	Köln Hbf	3:36	4:20	ICE 521	**5:46**	täglich 01
3:02	IC 2021					**7:02**	täglich 01
4:53	ICE 523					**6:48**	Mo - Sa 02
5:23	ICE 23	Köln Hbf F-Flugh Fernbf F-Flugh Regiobf	5:46 6:51	5:54 7:09	ICE 511 S 8	 **7:21**	Mo - Fr 03
5:23	ICE 23					**8:13**	täglich
6:06	ICE 1825					**7:48**	Sa, So 04

Addition und Subtraktion

①

②

Rechne mit deinem Rechenweg.

③ **a)** 28 + 33, 59 + 24, 37 + 46, 16 + 38
b) 75 + 18, 49 + 39, 67 + 15, 46 + 47
c) 29 + 48, 58 + 35, 55 + 27, 17 + 66
d) 79 + 19, 63 + 28, 57 + 13, 26 + 49
e) 45 + 33, 36 + 24, 69 + 46, 77 + 38

54 60 61 70 75 77 78 82 82 83 83 83 88 91 93 93 93 94 98 115 115

④ **a)** 52 – 17, 45 – 28, 61 – 34, 73 – 47
b) 63 – 19, 52 – 33, 36 – 18, 95 – 47
c) 83 – 25, 75 – 38, 41 – 24, 54 – 16
d) 92 – 63, 74 – 29, 32 – 13, 85 – 56
e) 81 – 26, 62 – 37, 55 – 19, 96 – 68

17 17 18 19 19 25 26 27 28 29 29 31 35 36 37 38 44 45 48 55 58

⑤ **a)** Mauer: unten 16, 18, 21

b) Mauer: oben 88; Mitte 39; unten 22

c) Mauer: oben 95; Mitte 43 (rechts); unten 19 (Mitte)

d) Mauer: oben 73; Mitte 45 (rechts); unten 18 (rechts)

e) Baue eine Mauer aus 40 92 17 29 52 23

⑥ Schreibe nur Aufgaben auf, deren Ergebnis
a) größer als 80 ist.
b) kleiner als 30 ist.
c) Suche Zahlen, deren Summe größer als 80 und deren Differenz kleiner als 30 ist.

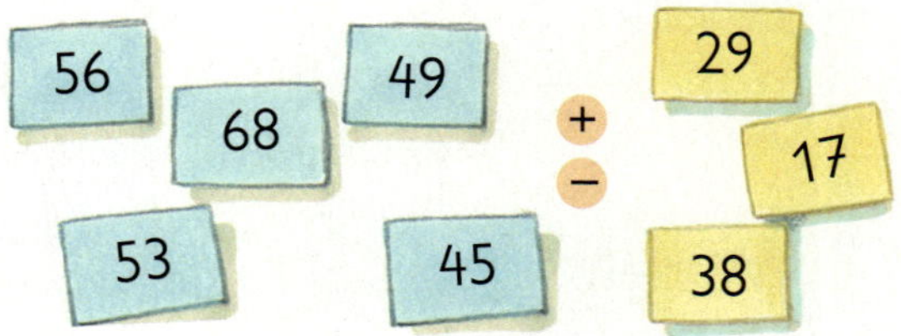

Schreibe die Aufgaben in dein Heft.

⑦ a)

+	6	16	36	46
27				
38				
49				

b)

+				
49	67			
29				77
19		47		

c)

+	8			38
43		61		
			82	
65			93	

⑧ a)

−	37	48	29	56
82				
62				
92				

b)

−		28		57
95			49	
73	57			
61				

c)

−	9		27	
	65			
65		47		
			29	20

Super-Päckchen! Was fällt dir auf?

⑨ a) 35 + 16
45 + 17
55 + 18
___ + ___

b) 93 − 28
83 − 28
73 − 28
___ − ___

c) 25 + 19
35 + 29
45 + 39
___ + ___

d) 54 − 17
64 − 27
74 − 37
___ − ___

e) 51 + 26
49 + 27
47 + 28
___ + ___

⑩ a) 53 + 18
58 + 19
63 + 20
___ + ___

b) 78 − 19
73 − 19
68 − 19
___ − ___

c) 47 + 12
52 + 17
57 + 22
___ + ___

d) 62 − 21
57 − 16
52 − 11
___ − ___

e) 46 + 17
41 + 27
36 + 37
___ + ___

⑪ Immer 85 €

Lege mit Rechengeld und schreibe Aufgaben.

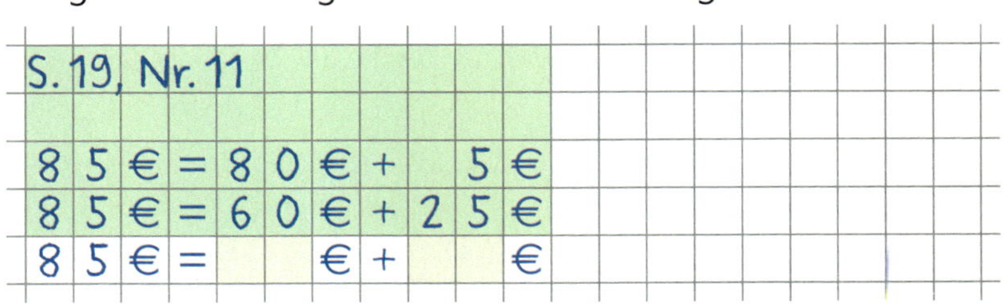

⑫ a) Sina hat 63 € gespart.
Sie kauft sich ein Spiel für 25 €.

b) Tom hat 49 € gespart. Sein Opa schenkt ihm zum Geburtstag 15 €.

c) Anna hat 72 € in ihrer Spardose.
Sie kauft ein Buch für 19 € und ein T-Shirt für 29 €.

Wiederholung: 7–8 in Tabellen rechnen; 9–10 Super-Päckchen; 11 Rechnen mit Geldbeträgen; 12 einfache Sachaufgaben
E ▸ 2 AH ▸ 5 A ▸ 2

Einmaleins

①

·	1	2	3	4	5	6	7	8	9	10
1										
2										
3								24		
4										
5										
6										
7										
8			24							
9										
10										

a) Schreibe die Kernaufgaben zur Einmaleinsreihe mit 7 und zur Einmaleinsreihe mit 8 auf.

b) Schreibe die Aufgaben, die eine Quadratzahl als Ergebnis haben.

c) Schreibe die Aufgaben zu den weißen Feldern. Musst du sie alle rechnen?

② 12, 24 und 40 kommen in der Einmaleinstafel mehrfach als Ergebniszahlen vor.
Schreibe zu diesen Zahlen alle Malaufgaben.

③ 

a)	b)	c)	d)	e)	f)
3 · 6	3 · 5	3 · 3	3 · 7	3 · 9	3 · 8
6 · 5	7 · 5	8 · 4	6 · 8	8 · 5	9 · 7
4 · 3	4 · 7	7 · 2	4 · 9	4 · 2	5 · 2
8 · 3	8 · 6	2 · 9	1 · 0	8 · 9	3 · 0
7 · 8	0 · 5	9 · 3	5 · 4	5 · 9	7 · 7

0 0 0 8 9 10 12 14 15 18 18 20 21 24 24 25 27 27 28 30 32 35 36 40 45 48 48 49 56 63 72

④ Malaufgaben mit 9

S. 6, Nr. 4
a) 9 · 7 = 63
10 · 7 = 70
1 · 7 = 7

a)	b)	c)
9 · 7	9 · 2	9 · 10
9 · 4	9 · 9	9 · 3
9 · 8	9 · 6	9 · 9

⑤ Schreibe die Einmaleinsreihen auf.

a) 5, 10, 15, … b) 7, 14, 21, … c) 8, 16, … d) …, 12, 16, 20, …

e) …, 18, 24, … f) …, 45, 54, … g) …, 27, 30 h) …, 18, 20

Wiederholung: 1–2, 4 Einmaleinstafel, Bereitstellung besonders einfacher, wichtiger, hilfreicher Einmaleinsaufgaben; 3, 5 automatisierende Übungen

E ▸ 3 AH ▸ 6 A ▸ 3

⑥ a)
3 · __ = 6
3 · __ = 21
3 · __ = 24
3 · __ = 30

b)
__ · 5 = 15
__ · 5 = 25
__ · 5 = 35
__ · 5 = 45

⑦ a)
7 · __ = 21
__ · 7 = 42
__ · __ = 28
__ · __ = 49

b)
8 · __ = 16
__ · 8 = 24
__ · __ = 64
__ · __ = 56

⑧ Rechnen in Tabellen

a)

·	2			7	9
4		12			
6			30		

b)

·	5	6		8	
	25				
7		42			70

⑨ Einmaleinsreihen machen Muster. Welche Reihen erkennst du? Schreibe sie auf.

a)

1	2	3	4	5	6	7	8	**9**	10
11	12	13	14	15	16	17	**18**	19	20
21	22	23	24	25	26	**27**	28	29	30
31	32	33	34	35	**36**	37	38	39	40
41	42	43	44	**45**	46	47	48	49	50
51	52	53	**54**	55	56	57	58	59	60
61	62	**63**	64	65	66	67	68	69	70
71	**72**	73	74	75	76	77	78	79	80
81	82	83	84	85	86	87	88	89	**90**
91	92	93	94	95	96	97	98	99	100

____

b)

1	2	3	4	5	6	7	**8**	9	10
11	12	13	14	15	**16**	17	18	19	20
21	22	23	**24**	25	26	27	28	29	30
31	**32**	33	34	35	36	37	38	39	**40**
41	42	43	44	45	46	47	**48**	49	50
51	52	53	54	55	**56**	57	58	59	60
61	62	63	**64**	65	66	67	68	69	70
71	**72**	73	74	75	76	77	78	79	**80**
81	82	83	84	85	86	87	88	89	90
91	92	93	94	95	96	97	98	99	100

____

c)

1	2	3	4	5	**6**	7	8	9	10
11	**12**	13	14	15	16	17	**18**	19	20
21	22	23	**24**	25	26	27	28	29	**30**
31	32	33	34	35	**36**	37	38	39	40
41	**42**	43	44	45	46	47	**48**	49	50
51	52	53	**54**	55	56	57	58	59	**60**
61	62	63	64	65	66	67	68	69	70
71	72	73	74	75	76	77	78	79	80
81	82	83	84	85	86	87	88	89	90
91	92	93	94	95	96	97	98	99	100

____

d)

1	2	**3**	4	5	**6**	7	8	**9**	10
11	**12**	13	14	**15**	16	17	**18**	19	20
21	22	23	**24**	25	26	**27**	28	29	**30**
31	32	33	34	35	36	37	38	39	40
41	42	43	44	45	46	47	48	49	50
51	52	53	54	55	56	57	58	59	60
61	62	63	64	65	66	67	68	69	70
71	72	73	74	75	76	77	78	79	80
81	82	83	84	85	86	87	88	89	90
91	92	93	94	95	96	97	98	99	100

____

e)

1	2	3	**4**	5	6	7	**8**	9	10
11	**12**	13	14	15	**16**	17	18	19	**20**
21	22	23	**24**	25	26	27	**28**	29	30
31	**32**	33	34	35	**36**	37	38	39	**40**
41	42	43	44	45	46	47	48	49	50
51	52	53	54	55	56	57	58	59	60
61	62	63	64	65	66	67	68	69	70
71	72	73	74	75	76	77	78	79	80
81	82	83	84	85	86	87	88	89	90
91	92	93	94	95	96	97	98	99	100

____

f)

1	2	3	4	5	6	**7**	8	9	10
11	12	13	**14**	15	16	17	18	19	20
21	22	23	24	25	26	27	**28**	29	30
31	32	33	34	**35**	36	37	38	39	40
41	**42**	43	44	45	46	47	48	**49**	50
51	52	53	54	55	**56**	57	58	59	60
61	62	**63**	64	65	66	67	68	69	**70**
71	72	73	74	75	76	77	78	79	80
81	82	83	84	85	86	87	88	89	90
91	92	93	94	95	96	97	98	99	100

____

⑩ Zahlenrätsel. Schreibe auch eigene Rätsel.

Das Dreifache meiner Zahl ist 27.

Das Zehnfache meiner Zahl ist 70.

Das Fünffache meiner Zahl ist 35.

Mein Zahlenrätsel: ______________

⑪

Das Dreifache meiner Zahl ist das Gleiche wie das Doppelte von 9.

Vierfache
Sechsfache

9 Einmaleinsreihen als „Muster“ in der Hundertertafel;
10 Zahlenrätsel

E ▸ 3 AH ▸ 7 A ▸ 3

Division

① a)

Die Bonbons reichen für __ Tüten.

Jedes Kind erhält __ Bonbons.

b)

Die Bonbons reichen für __ Tüten.

Jedes Kind erhält __ Bonbons.

c) Schreibe und rechne weitere Aufgaben nach diesen Beispielen.

②

a)	b)	c)	d)	e)
12 : 4	18 : 2	27 : 3	42 : 7	18 : 3
48 : 8	36 : 6	27 : 9	50 : 5	14 : 7
30 : 5	64 : 8	28 : 4	81 : 9	36 : 6
28 : 7	45 : 5	16 : 8	54 : 6	28 : 4
54 : 9	36 : 4	16 : 2	8 : 4	25 : 5

2 2 2 3 3 4 5 6 6 6 6 6 6 6 7 7 7 8 8 9 9 9 9 9 9 10

③

a)	b)	c)	d)	e)
3 : 3	36 : 6	63 : 7	9 : 3	72 : 9
6 : 3	25 : 5	56 : 7	12 : 4	56 : 8
12 : 3	16 : 4	49 : 7	15 : 5	42 : 7
24 : 3	9 : __	42 : 7	18 : 6	30 : 6
__ : __	__ : __	__ : __	__ : __	__ : __

④ Wahr (w) oder falsch (f)? Rechne auch die Probe.

S. 8, Nr. 4
a) 24 : 3 = 8 w   49 : 7 = 6 f
Probe   Probe
8 · 3 = 24   6 · 7 = 42

a)	b)
24 : 3 = 8	36 : 9 = 4
49 : 7 = 6	42 : 6 = 8
63 : 9 = 7	45 : 9 = 4
64 : 8 = 7	54 : 6 = 9
32 : 4 = 8	27 : 9 = 3

1 3 Zahlen, 4 Aufgaben

Zahlenkarten: 7, 21, 3

3 · 7 = 21
7 · 3 = 21
21 : 7 = 3
21 : 3 = 7

a) 6 5 30 b) 4 8 32 c) 7 6 42

d) _ _ 24 e) _ 9 _ f) _ _ _

2

a)	b)	c)	d)	e)
6 · 2	24 : 4	3 · __ = 24	54 : __ = 9	__ : __ = 3
7 · 4	54 : 9	5 · __ = 25	35 : __ = 5	__ : __ = 5
5 · 3	42 : 7	7 · __ = 28	21 : __ = 7	__ : __ = 7
2 · 9	36 : 6	9 · __ = 72	63 : __ = 7	__ : __ = 9

3 4 5 6 6 6 6 6 7 7 8 8 9 12 15 18 24 28

3 Division mit Rest

a) Max hat 23 Bonbons.
Er verteilt sie an 6 Kinder.

Jedes Kind bekommt ☐ Bonbons.

Als Rest bleiben ☐ Bonbons.

S. 9, Nr. 3
a) 23 : 6 = 3 R 5

b) 22 Kinder wollen spielen. Es gibt Spiele für jeweils 4 Kinder und für jeweils 3 Kinder.
Wie viele Spiele sind nötig, damit alle spielen können?

c) Schreibe eine eigene Aufgabe wie in a) oder b).

S. 9, Nr. 3
c) Julia hat 6 Äpfel. Sie verteilt sie an 3 Kinder.

4 Rechne mit Probe.

S. 9, Nr. 4
20 : 6 = 3 R 2
Probe
3 · 6 = 18
18 + 2 = 20

20 : 6
25 : 8
30 : 7
42 : 5
37 : 9
33 : 4

5 Super-Päckchen

a)	b)
19 : 4	24 : 5
28 : 5	22 : 6
21 : 6	39 : 7
24 : 7	28 : 8
27 : 8	31 : 9
__ : 9	__ : 10

6 Richtig oder falsch? Begründe.

a) Für Zahlen von 30 bis 40 gibt es 2 Aufgaben für die Division mit 7 und Rest 5.

b) Es gibt Divisionsaufgaben mit 3 und dem Rest 5.

c) Es gibt nur eine Divisionsaufgabe mit dem Ergebnis 1 Rest 2.

Knobelaufgaben

① Notiere deinen Lösungsweg und beantworte die Frage.

Eva hat 22 Murmeln in den Farben Blau, Gelb und Rot. 6 Murmeln sind gelb. Es gibt genauso viele blaue wie rote Murmeln.

Wie viele blaue und rote Murmeln hat Eva?

② Notiere deinen Lösungsweg und beantworte die Frage.

a) Jonas hat 27 Murmeln in den Farben Blau, Gelb und Rot. 11 Murmeln sind blau. Die Hälfte vom Rest ist gelb. Wie viele Murmeln sind rot?

b) Jonas hat 31 Murmeln in den Farben Blau, Gelb und Rot. 22 Murmeln sind nicht rot. Die Hälfte dieser Anzahl ist blau. Wie viele Murmeln sind rot? Wie viele Murmeln sind blau?

③ Zauberquadrate in der Kunst

a) Immer 34?
Prüfe. Schreibe die Aufgaben.

16 + 3 + 5 + 10 = 34

16	3	2	13
5	10	11	8
9	6	7	12
4	15	14	1

16	3	2	13
5	10	11	8
9	6	7	12
4	15	14	1

16	3	2	13
5	10	11	8
9	6	7	12
4	15	14	1

16	3	2	13
5	10	11	8
9	6	7	12
4	15	14	1

Albrecht Dürer (1471–1528), Melancholie

b) Finde eigene Beispiele und schreibe Aufgaben.

16	3	2	13
5	10	11	8
9	6	7	11
4	15	14	1

1–2 Text-/Aufgabenverständnis sichern, Skizzen anregen, individuelle Zugänge und Lösungswege dokumentieren und gemeinsam reflektieren; 3 vorgegebene Muster durch Rechnung prüfen, weitere Beispiele finden

E ▶ 5 AH ▶ 10 A ▶ 5

④ Lena und Tim bauen mit Lego-Steinen.
Zusammen haben sie 30 Stück.
Lena hat 6 Steine mehr als Tim.
Wie viele Lego-Steine hat Lena?
Wie viele hat Tim?

Ausprobieren

Zerlegen

30	
15	15
16	14
Lena	Tim

Rechnen

30 − 6 =

: 2 =

⑤ Notiere deinen Lösungsweg und beantworte die Frage.

a) Vedat und Teresa haben zusammen 34 Lego-Steine. Vedat hat 8 Steine mehr als Teresa.

b) Maria und Jan haben zusammen 42 Lego-Steine. Maria hat 10 Steine weniger als Jan.

c) Erfinde eigene Aufgaben. Male oder schreibe deinen Lösungsweg.

⑥ Verbinde jeweils alle vier Punkte mit drei geraden Linien.
Male die Beispiele ab.
Finde viele verschiedene Möglichkeiten.

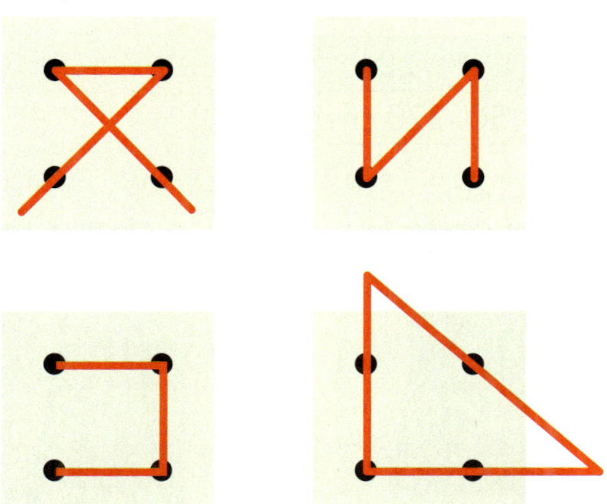

⑦ Kannst du auch diese neun Punkte mit nur vier geraden Linien in einem Zug verbinden?

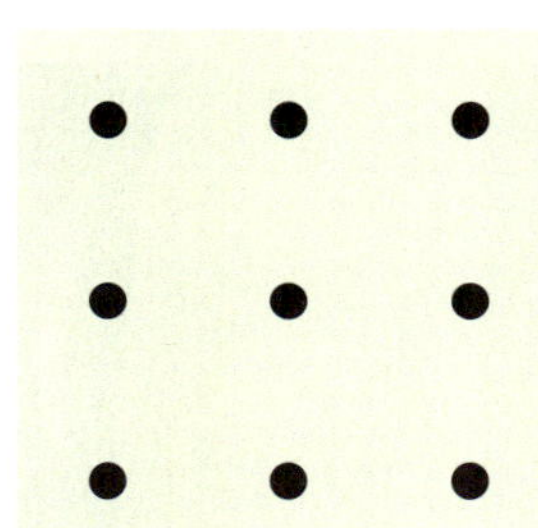

4–5 Text-/Aufgabenverständnis sichern, Lösungsanregungen nachvollziehen, eigenen Lösungsweg dokumentieren; 6 Lösungen abmalen, nachvollziehen, eigene finden; 7 Erfahrungen aus 6 zur Lösung nutzen E ▸ 5 AH ▸ 10 A ▸ 5

① Schreibe diese Tabelle in dein Heft. Ergänze eigene Beispiele.

DIN-A4-Blatt lange Seite kurze Seite	 ≈ 30 cm ≈ 20 cm
Durchmesser einer CD	≈ 12 cm
neuer Bleistift	≈ 18 cm
Tafellineal, Höhe der Tafel	= 1 m
Höhe der Tür	≈ 2 m
Fingerbreite	≈ 1 cm

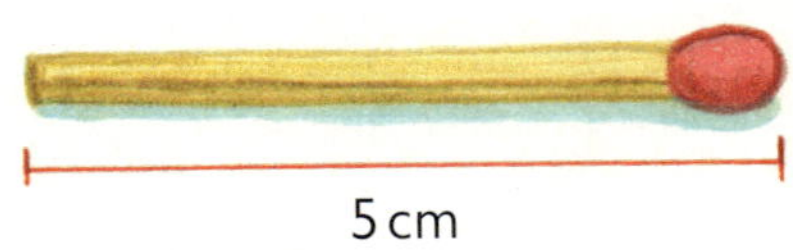

② Wie lang, wie breit, wie hoch ungefähr? Notiere in einer Tabelle.

Reihenhaus, Breite Höhe	
Baum, Höhe	
Tisch, Länge	

③ Zusammen immer 1 Meter

a) 20 cm + ___ cm
30 cm + ___ cm
50 cm + ___ cm
80 cm + ___ cm
70 cm + ___ cm
60 cm + ___ cm

b) 85 cm + ___ cm
75 cm + ___ cm
65 cm + ___ cm
55 cm + ___ cm
45 cm + ___ cm
35 cm + ___ cm

c) ___ cm + 22 cm
___ cm + 33 cm
___ cm + 44 cm
___ cm + 55 cm
___ cm + 66 cm
___ cm + 77 cm

d) ___ cm + 16 cm
___ cm + 74 cm
___ cm + 83 cm
___ cm + 69 cm
___ cm + 57 cm
___ cm + 32 cm

④ So lang müssen Schnürsenkel sein.

Anzahl der Löcher	2–4	6–8	10–12	14–20
benötigte Länge	45 cm	60–75 cm	90–120 cm	150–220 cm

Wie lang sind die Schnürsenkel in den abgebildeten Schuhen?

A

B

C

D

1 Tabelle übernehmen; 2 mit Hilfe der Referenzgrößen aus 1 schätzen; 4 durch Zuordnung zwischen Fotos und Tabelle Längen bestimmen

E ▸ 6 AH ▸ 11 A ▸ 6

Stunde

Von der 3 ist der Stundenzeiger zur 4 vorgerückt, 1 Stunde ist vergangen.

Minute

Von der 11 ist der Minutenzeiger zur 12 vorgerückt, 5 Minuten sind vergangen.

Wie spät ist es? Schreibe die Uhrzeiten in dein Heft.

①

geschrieben:
8.15 Uhr
20.15 Uhr

gesprochen:

a) 

b) 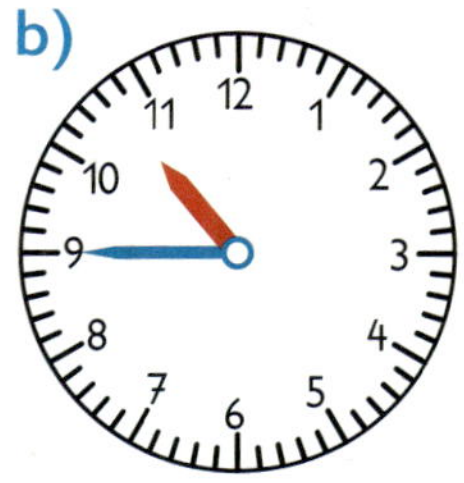

c) 

d) 

e) 

f) 

② Wie viel Zeit ist vergangen?

a) 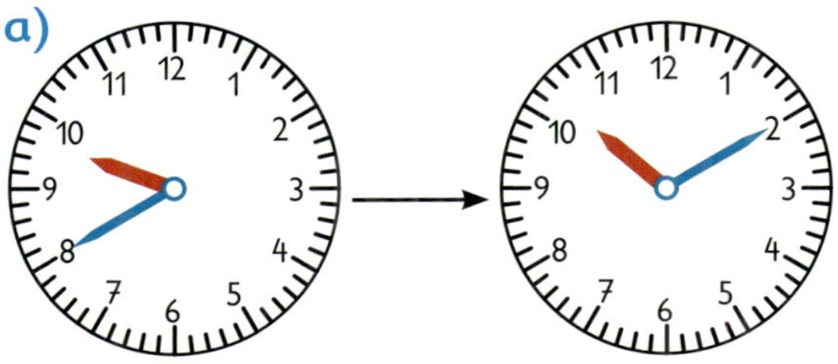

von bis

b) 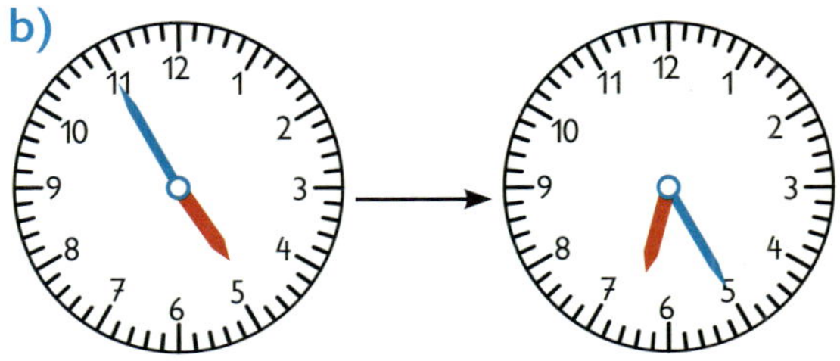

von bis

③

Fati schaut auf die Uhr.
„Zwanzig vor 4“, sagt er. „Dann kann ich noch eine halbe Stunde spielen, bevor ich zum Fußballtraining gehe.“
Um halb 5 muss er in der Halle sein.

Welche Fragen kannst du beantworten?
Schreibe sie ab und notiere deine Antworten.

- Wie lange hat Fati Hausaufgaben gemacht?
- Wann ist Fati mit den Hausaufgaben fertig?
- Wie viel Zeit braucht Fati für den Weg zur Sporthalle?
- Wann beginnt das Training?
- Wann ist das Training zu Ende?
- Wann ist Fati wieder zu Hause?
- Ist Fati jetzt müde?

1 Uhrzeiten (Zeitpunkte) ablesen, Sprech- und Schreibweise einüben; 2 Zeitdauer feststellen;
3 Textverständnis: Möglichkeiten zur Beantwortung jeder Frage am Text prüfen

E ▸ 6 AH ▸ 11 A ▸ 6

Gesund frühstücken

① 164 Kinder besuchen die Astrid-Lindgren-Schule. Für alle wird zur großen Pause ein vielseitiges, gesundes Frühstück angeboten.

Preistafel	
$\frac{1}{2}$ Brötchen mit Salami/Käse/Wurst	60 ct
Tomaten	15 ct
Gurkenscheiben 4 Stück	20 ct
Möhrenstifte	10 ct
Kohlrabistifte	10 ct
Paprikastreifen	5 ct
Apfel- oder Birnenstücke 2 Stück	15 ct

② Auf dem Einkaufszettel siehst du, was für ein Frühstück nötig ist.
Aus jeder Möhre entstehen 6 Stifte, aus jeder Gurke 20 Scheiben.
Aus Paprika werden Achtelstreifen geschnitten.
Äpfel und Birnen werden geviertelt, und das Kerngehäuse wird entfernt.

Einkaufszettel

60 Brötchen	35 Tomaten
2 Päckchen Butter	20 Möhren
60 Scheiben Salami	8 Gurken
30 Scheiben Käse	15 Paprika
30 Scheiben Wurst	12 Äpfel
	12 Birnen

Schreibe in eine Tabelle, was die Kinder kaufen können.

Sorte	Anzahl
Halbe belegte Brötchen	
Tomaten	

60 Brötchen = ___ halbe Brötchen

1–2 Sachsituation klären, Informationen aus Tabellen entnehmen, sachgerecht Anzahlen berechnen und als Tabelle darstellen

E ▸ 7 AH ▸ 12 A ▸ 7

③ Berechne, wie viel die Kinder bezahlen.

Ali

Sina

Vedat

Boris

④ Lea bezahlt 80 ct, Tom bezahlt 90 ct, Anne bezahlt 75 ct, Max weniger als 60 ct.
Was haben sich die Kinder wohl ausgesucht?
Notiere für jedes Kind mehrere Möglichkeiten. Du kannst auch eine Tabelle anlegen.

bezahlt	½ Brötchen	Tomate	Gurkenscheiben 4 Stück	Möhren-stifte	Paprika-streifen	Apfelstücke Birnenstücke
	60 ct	15 ct	10 ct	10 ct	5 ct	15 ct
80 ct	X		X	X		

⑤

a) Ali bezahlt mit  und bekommt 15 ct zurück.

b) Lisa bezahlt mit  und bekommt 90 ct zurück.

⑥ Sina kauft für ihre Freundinnen mit ein.

Eva möchte ½ Brötchen mit Salami und dazu 4 Gurkenscheiben und eine Tomate.

Marlene möchte ½ Brötchen mit Käse und 4 Apfelstücke.

Für sich selbst kauft Sina nur Obst und Gemüse. Dafür bezahlt sie 80 ct.

⑦ Aufgabe 3 zeigt, dass nicht alle Kinder Brötchen essen.
Aber es gibt auch Kinder mit großem Hunger.
12 Kinder der 4. Klasse möchten zwei halbe Brötchen essen.
Wie viele Kinder können dann noch ein halbes Brötchen essen?

3 Preise für individuelle Frühstückswünsche berechnen; 4–6 vom Zahlbetrag auf mögliche Auswahl schließen; 8 mehrschrittige Aufgabe im selben Sachkontext

E ▸ 7 AH ▸ 12 A ▸ 7

Falten – Zeichnen – Schneiden

① Falte einen quadratischen Notizzettel wie im Beispiel. Wenn du genau arbeitest, entstehen ein Quadrat und vier Dreiecke. So geht es:

Du musst die Ecken genau zur Mitte falten.
Benutze ein Falthaus, um den Mittelpunkt genau zu treffen.

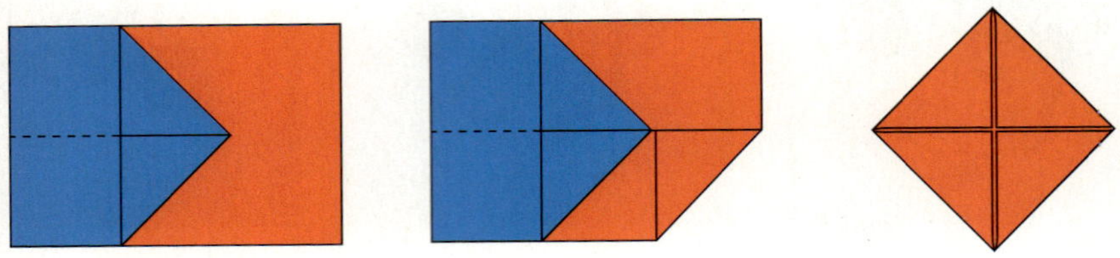

② Stelle aus farbigen Notizzetteln durch Falten und Schneiden die fünf abgebildeten Quadrate her.
Wie gehst du vor?
Das größte Quadrat ist ein ganzer Notizzettel.

③ Falte und schneide wie im Beispiel.

a) 

b) 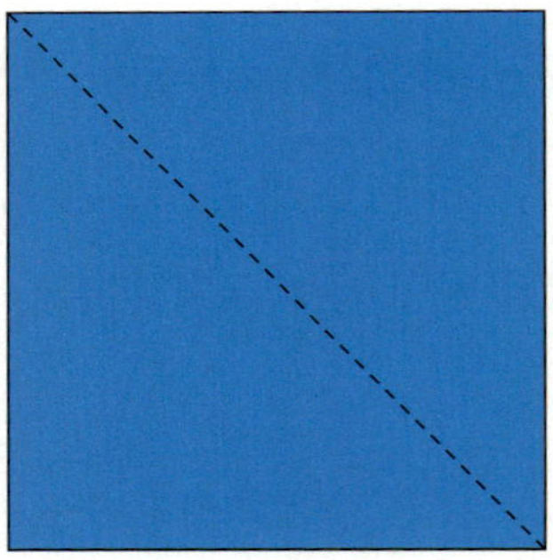

ⓒ Lege eine Faltlinie durch den Mittelpunkt.

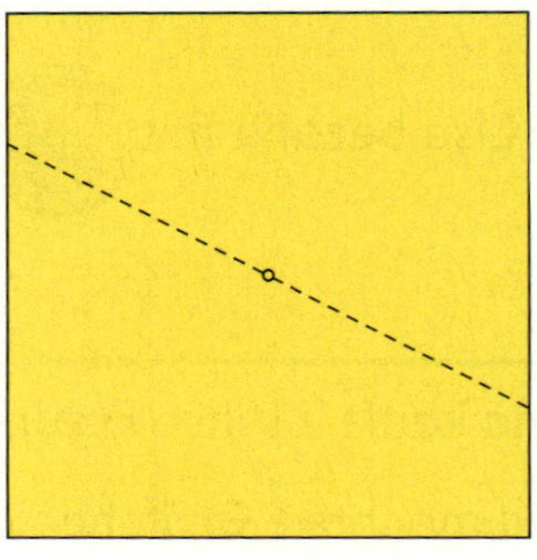

Lisa vermutet, dass die entstandenen Teile gleich groß sind.
Dazu faltet sie … und schneidet dann.

1 nach Anweisung falten, Ergebnis am Beispiel prüfen; 2 Quadrate für die Collage erzeugen, die Größenverhältnisse aus Entstehung/Vergleich reflektieren (… ist doppelt so groß wie …); 3 durch Falten, Schneiden und Legen zeigen, dass die Ausgangsteile gleich groß sind E ▶ 8 AH ▶ 13 A ▶ 8

Josef Albers
09.03.1888–25.03.1976

1905–1908	Ausbildung zum Lehrer
1908–1913	Volksschullehrer in Bottrop
1913	erstes abstraktes Bild
1915–1918	Königliche Kunstschule in Berlin
1916–1919	Volksschullehrer in Bottrop Kunstgewerbeschule in Essen: erste Lithographien, Holz- und Linolschnitte
1919–1920	Studium am Bauhaus in Weimar
bis 1965	Lehrtätigkeit in Nord- und Südamerika
1970	Übersiedlung nach Orange (Frankreich)

Josef Albers,
Homage to the Square, Light Tenor II, 1961

(4) Wie viele Farben/Farbtöne hat Josef Albers benutzt? Wie hat er die Quadrate angeordnet? Beschreibe, welche Wirkung er mit dieser Gestaltung erreicht hat.

(5) Gestalte eigene Bilder nach der Idee von Josef Albers für eine Ausstellung. Erprobe auch andere Anordnungen.

(6) Stelle Quadrate verschiedener Größe her, indem du gleich breite Streifen faltest.

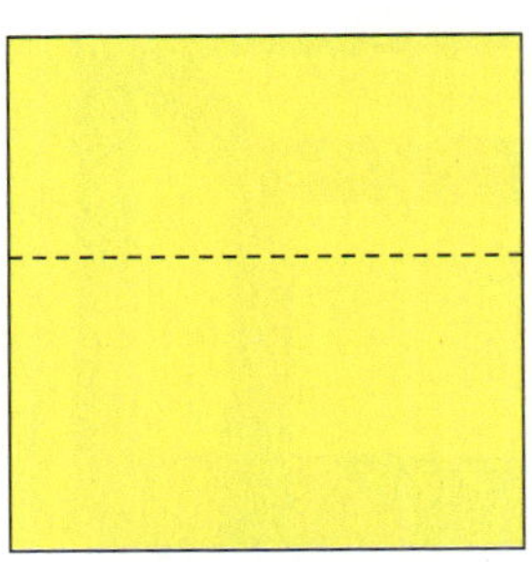

Streifen falten.

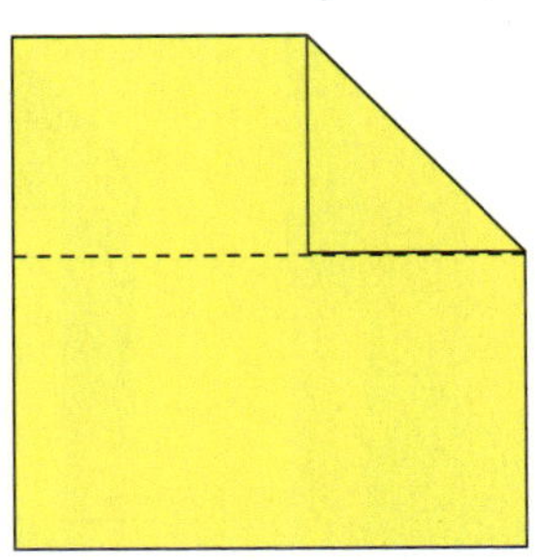

Ecke bis zur Faltlinie falten.
Es entsteht ein Quadrat.
Die Breite für den Streifen an der 2. Seite ist damit festgelegt.

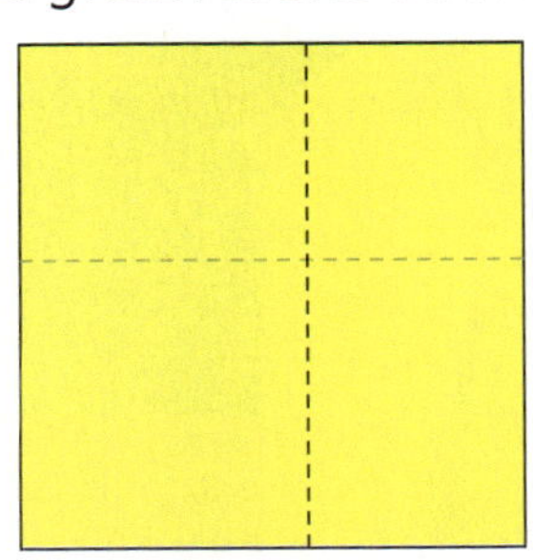

Zweiten Streifen falten.

Zahlen bis 1000

1 Schätze. Wie viele Schokolinsen sind es ungefähr?

2 Wie viele?

1 Anzahlen schätzen; 2 Einer, Zehner, Hunderter, Tausender: Vorteile einer strukturierten Darstellung

E ▸ 9 AH ▸ 14 A ▸ 9

1

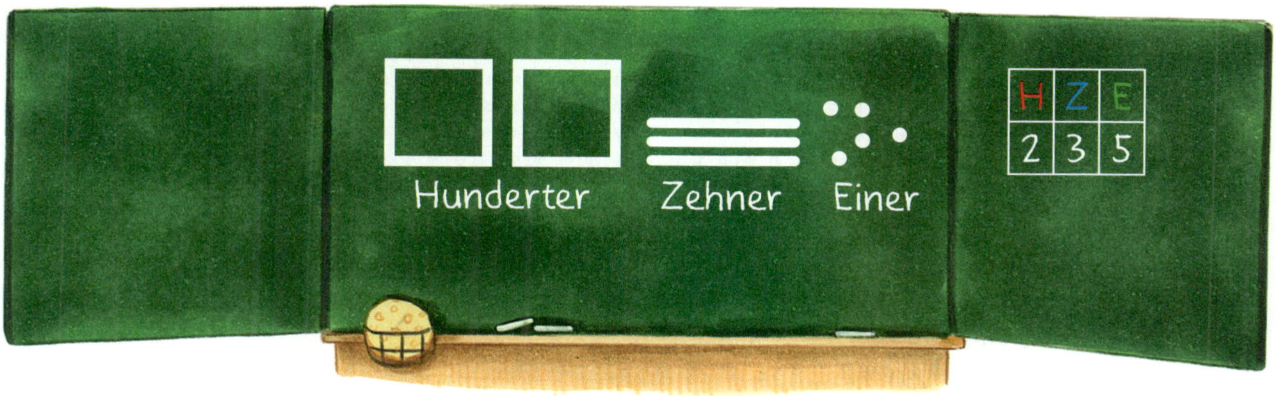

Wie viele Hunderter, Zehner, Einer? Wie heißen die Zahlen?
Schreibe wie an der Tafel in eine Stellentafel.

a) 

b) 

c) 

d) 

2 Lege. Zeichne die Zahlbilder in dein Heft.

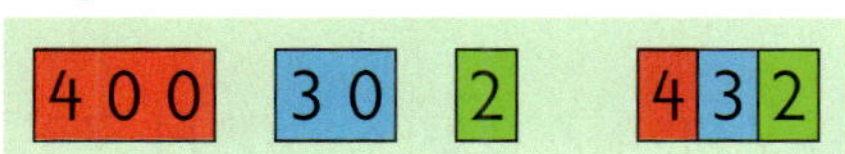

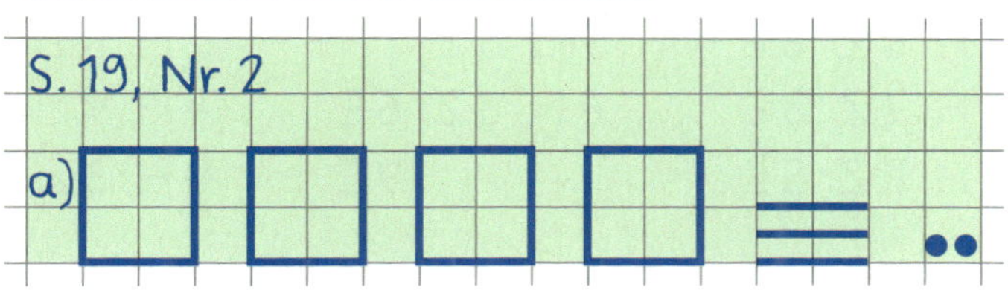

a)

H	Z	E
4	3	2

b)

H	Z	E
3	0	6

c)

H	Z	E
1	9	0

d)

H	Z	E
6	2	7

e)

H	Z	E
2	6	3

f)

H	Z	E
	7	5

3 Schreibe in die Stellentafel.

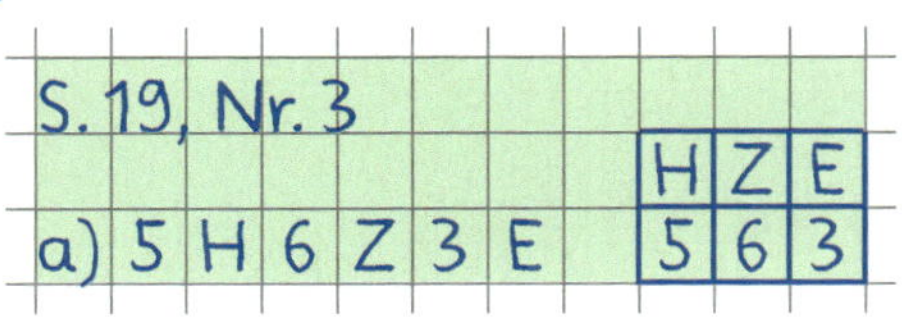

a)	b)	c)	d)
5H 6Z 3E	8H 3E	6H 3Z	3Z 6E
3H 1Z 4E	5H 5E	6Z 3E	3H 6Z
7H 5Z 9E	2H 2E	6H 3E	3H 6E

4 Schreibe wie im Beispiel.

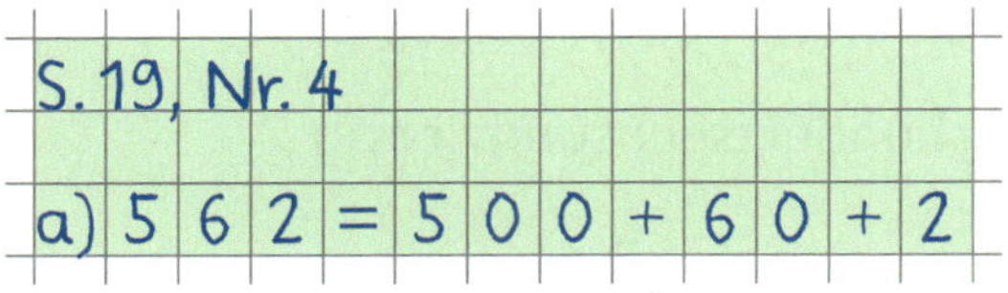

a) 562, 256, 602
b) 320, 32, 302
c) 799, 907, 770
d) 418, 810, 84

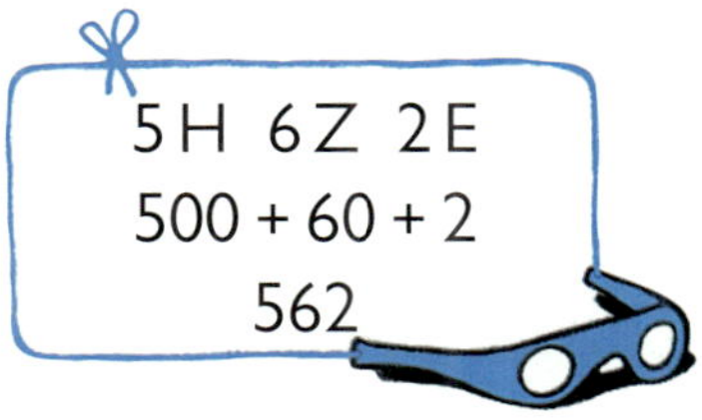

5 Immer 3 Kärtchen wählen. Bilde Zahlen mit möglichst vielen Hundertern, Zehnern, Einern. Ordne der Größe nach.

Tausenderfeld

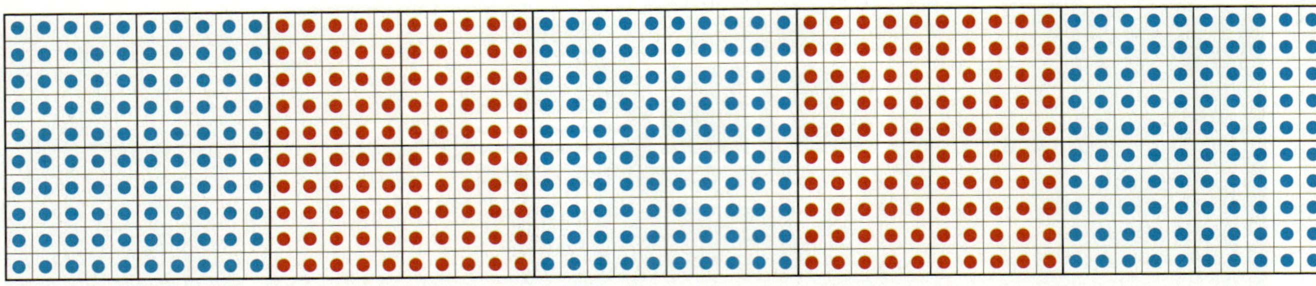

(1) Zeige am Tausenderfeld.

200	250	110	125	384
400	350	230	245	576
500	750	470	365	963
800	959	680	895	1000

10 Hunderterfelder = 1 Tausenderfeld
$10 \cdot 100$ Punkte = 1000 Punkte

(2) Lege mit den abgebildeten Zahlenkarten Zahlen.
Schreibe sie auf. Zeige sie im Tausenderfeld.

5 6 7 → 567

(3) Schreibe wie im Beispiel. Zeige am Tausenderfeld.

S. 20, Nr. 3
a) 4 0 0 + 7 0 + 5 = 4 7 5

a)	b)	c)
4 H 7 Z 5 E	7 H 4 Z 2 E	8 H 7 Z 9 E
3 H 5 Z 8 E	9 H 6 Z	2 H 6 Z 2 E
7 H 2 Z 3 E	6 H 8 Z 6 E	4 H 9 Z 4 E
4 H 8 Z 5 E	9 E	8 H 3 Z 3 E

(4) Male das Zahlbild, schreibe die Zahl.

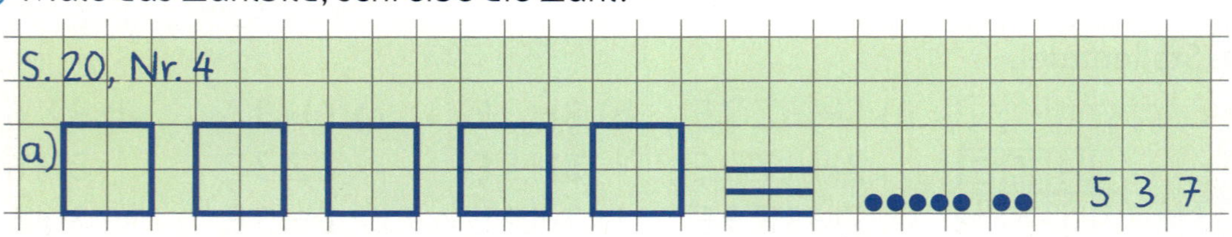

a) fünfhundertsiebenunddreißig
b) siebenhundertzweiunddreißig
c) fünfhundertdreiundsechzig
d) dreihundertachtzig
e) sechshundertacht
f) zweihundertvierundsiebzig
g) achthundertdrei
h) vierhundertsechsundvierzig

(5)

a)	b)	c)
7 + 2	70 + 20	700 + 200
5 + 3	50 + 30	500 + 300
4 + 5	40 + 50	400 + 500
3 + 4	30 + 40	300 + 400
2 + 7	20 + 70	200 + 700

Übungen zur Orientierung im Tausenderraum, Unterstützung der Anzahlvorstellung, 1–3 Anzahlen am Tausenderfeld zeigen, Aufbau aus H, Z, E beschreiben; 4 Zahlbild, Zahlwort und Zahl; 5 Analogie der Aufgabenpäckchen sehen und nutzen E ▸ 10 AH ▸ 15 A ▸ 10

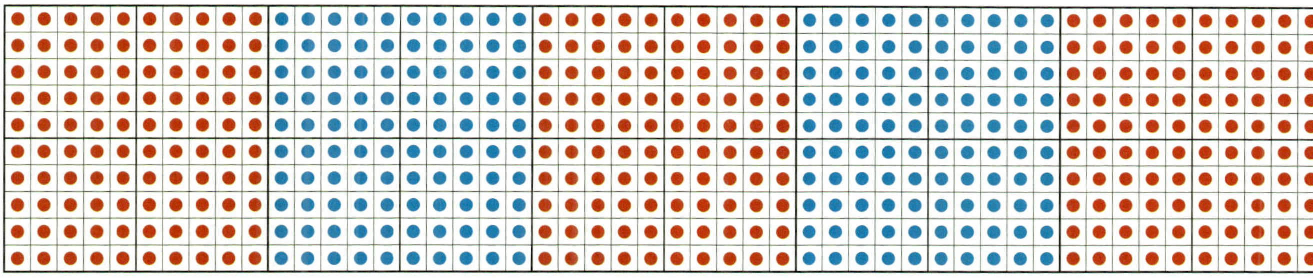

⑥ Ergänze zum vollen Hunderter. Benutze das Tausenderfeld.

S. 21, Nr. 6 a) 160 + 40 = 200

a)	b)	c)
160 + ___ = 200	230 + ___ = ___	290 + ___ = ___
150 + ___ = ___	420 + ___ = ___	380 + ___ = ___
140 + ___ = ___	620 + ___ = ___	470 + ___ = ___
130 + ___ = ___	370 + ___ = ___	560 + ___ = ___
120 + ___ = ___	840 + ___ = ___	650 + ___ = ___
110 + ___ = ___	560 + ___ = ___	740 + ___ = ___

⑦ Subtrahiere.

S. 21, Nr. 7 a) 200 − 20 = 180

a)	b)	c)	d)
200 − 20	600 − 60	700 − 600	1000 − 600
400 − 20	300 − 30	500 − 500	1000 − 500
600 − 20	500 − 50	300 − 100	1000 − 300
500 − 20	700 − 70	800 − 700	1000 − 700
800 − 20	800 − 80	600 − 500	1000 − 800
300 − 20	900 − 90	400 − 300	1000 − 400

⑧ Ergänze zu 1000.

S. 21, Nr. 8 a) 800 + 200 = 1000

a)	b)	c)	d)
800 + ___	850 + ___	920 + ___	780 + ___
600 + ___	650 + ___	830 + ___	670 + ___
700 + ___	750 + ___	740 + ___	560 + ___
500 + ___	550 + ___	650 + ___	450 + ___
400 + ___	450 + ___	560 + ___	340 + ___
300 + ___	350 + ___	470 + ___	230 + ___

⑨ Halbiere, notiere als Tabelle.

	H	Z	E
800	4	0	0
600			
500			
900			
700			

⑩

1000	
600	400
650	
654	

1000	

6 den jeweiligen Hunderter auffüllen; 7 Zehnerzahlen von Hundertern subtrahieren; 8 zu 1000 ergänzen; 9 Halbieren; 10 eigene Zerlegungen zur Zahl 1000 finden

E ▸ 10 AH ▸ 15 A ▸ 10

Zehn Hundertertafeln – eine Tausendertafel

1 Alle Hundertertafeln sind gleich aufgebaut.
Das weißt du von der Hundertertafel:

Alle Zahlen derselben Spalte haben dieselbe **Einerziffer.**

Alle Zahlen einer Zeile haben dieselbe **Zehnerziffer.**

Das zeigt die Tausendertafel:
Alle Zahlen einer Hundertertafel haben dieselbe **Hunderterziffer.**

2 Auf der Tausendertafel

Einerschritte

Zehnerschritte

Hunderterschritte

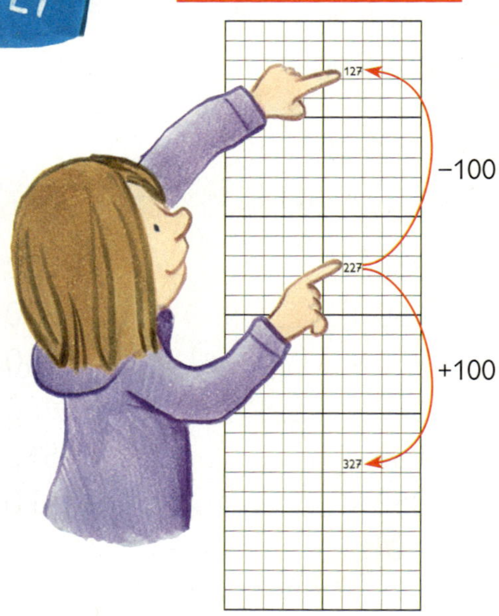

a) 148 + 1 | 148 − 1
148 + 10 | 148 − 10
148 + 100 | 148 − 100

b) 576 + 1 | 576 − 1
576 + 10 | 576 − 10
576 + 100 | 576 − 100

c) 839 + 1 | 839 − 1
839 + 10 | 839 − 10
839 + 100 | 839 − 100

3 Bestimme Vorgänger und Nachfolger mit Hilfe der Tausendertafel.

S. 22, Nr. 3

Vorgänger	Zahl	Nachfolger
325	326	327

a) 326, 347, 379, 391

b) 238, 360, 400, 499

c) 99, 399, 699, 999

		3							
		13							
		23							
		33							
		43							
		53							
		63							
		73							
		83							
		93							100
101	102	103	104	105	106	107	108	109	110
111	112	113	114	115	116	117	118	119	120
121	122	123	124	125	126	127	128	129	130
131	132	133	134	135	136	137	138	139	140
141	142	143	144	145	146	147	148	149	150
151	152	153	154	155	156	157	158	159	160
161	162	163	164	165	166	167	168	169	170
171	172	173	174	175	176	177	178	179	180
181	182	183	184	185	186	187	188	189	190
191	192	193	194	195	196	197	198	199	200
201									210
291									300
		323					328		
				345	346				
				355	356				
		373					378		
411									
	422								
		433							
			444						
				455					
					466				
						477			
							488		
								499	

1–3 Tausendertafel auf der Grundlage der Einsicht in die Hundertertafel erschließen

E ▸ 11 AH ▸ 16 A ▸ 11

				505					510
				555					560
				595					600
	602		604		606		608		610
	612		614		616		618		620
	622		624		626		628		630
	632		634		636		638		640
	642		644		646		648		650
	652		654		656		658		660
	662		664		666		668		670
	672		674		676		678		680
	682		684		686		688		690
	692		694		696		698		700
701		703		705		707		709	
711		713		715		717		719	
721		723		725		727		729	
731		733		735		737		739	
741		743		745		747		749	
751		753		755		757		759	
761		763		765		767		769	
771		773		775		777		779	
781		783		785		787		789	
791		793		795		797		799	
				805	806				
			814			817			
		823					828		
	832							839	
841									850
851									860
	862							869	
		873					878		
			884			887			
				895	896				
901			904			907			910
		913			916			919	
	922			925			928		
931			934			937			940
		943			946			979	
	952			955			958		
961			964			967			970
		973			976			979	
	982			985			988		
991			994			997			1000

④ Zahlen auf der Tausendertafel nach Plan suchen.

5 2 7

Hundertertafeln — Zehnerstreifen — einzelne Felder

Notiere in einer Tabelle, wo die Zahlen liegen:
413, 781, 305, 284, 570, 648

Zahl	Hundertertafel	Zehnerstreifen	einzelne Felder
527	5	2	7

⑤ **a)** In der 5. Hundertertafel sind neun Zahlen eingetragen. Was fällt an ihnen auf?

b) Welche Zahlen bilden in der 7. Hundertertafel das Streifenmuster?

c) Wie viele ungerade Zahlen kommen in jeder Hundertertafel vor?

d) Wie viele Hunderterzahlen kommen in der Tausendertafel vor?

e) Wie viele Zahlen mit der Endziffer 5 kommen auf der Tausendertafel vor?

⑥

a) Ziehe drei Kärtchen. Lege eine möglichst große Zahl.

b) Wie heißt die kleinste Zahl, die du legen kannst? Beschreibe, wie du sie ganz leicht finden kannst.

c) Welche Zahlen kannst du mit denselben Kärtchen auch noch legen? Wie viele Zahlen sind insgesamt möglich?

⑦

Zu meiner Lieblingszahl gehören 4 Hunderter, 6 Zehner und 8 Einer.

Starte bei 273. Meine Zahl liegt 6 Hundertertafeln weiter an der gleichen Stelle.

4 Zahlen in der Tausendertafel planvoll suchen und finden; **5** „Muster" in der Tausendertafel sehen, verstehen, beschreiben; **6** Stellenwerte bei der Konstruktion dreistelliger Zahlen planvoll berücksichtigen; **7** Zahlen nach Beschreibung finden und benennen E ▸ 11 AH ▸ 16 A ▸ 11

Zahlenstrahl

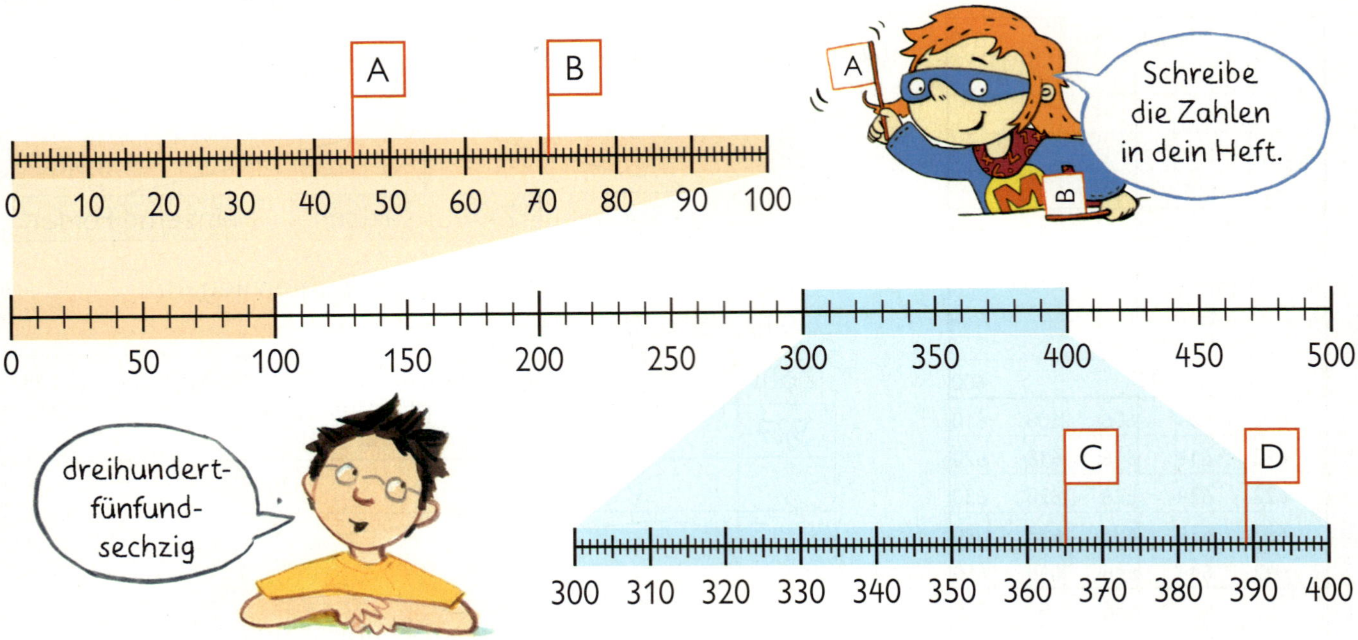

1 Zeige am Zahlenstrahl:

a) 100, 300, 500, 700, 800, 900, 1000

b) 1000, 800, 600, 400, 200, 100, 0

c) 50, 100, 150, 200, 250, 300, 350

d) 750, 700, 650, 600, 550, 500, 450

e) 702, 712, 722, 732, 742, 752, 762

f) 497, 487, 477, 567, 457, 447, 437

g) 938, 948, 958, 968, 978, 988, 998

h) 625, 615, 605, 595, 585, 575, 565

2 Bestimme am Zahlenstrahl:

a) Nachbarzahlen

121	123	124
	256	
	367	
	698	
	799	
	900	

b) Nachbarzehner

120	123	130
	256	
	367	
	698	
	799	
	900	

c) Nachbarhunderter

100	123	200
	256	
	367	
	698	
	799	
	900	

3 **a)** Setze ein: <, =, >

642 ○ 357
396 ○ 398
590 ○ 791
849 ○ 850
409 ○ 490
759 ○ 987

b) Wie gehts du in a) vor? Schreibe die passenden Sätze ab.

Die Zehnerstelle muss ich immer vergleichen.

Die Einerstelle muss ich nur vergleichen, wenn die Zehnerstellen gleich sind.

Wenn Hunderterstelle und Zehnerstelle gleich sind, muss ich die Einerstelle vergleichen.

Ich vergleiche zuerst die Einerstelle.

Ich vergleiche immer zuerst die Hunderterstelle.

Wenn die Hunderterstelle verschieden ist, weiß ich die Lösung schon.

Erweiterten Zahlenstrahl als Darstellung des Tausenderraums verstehen: 1 Zahlen verorten, 2 benachbarte Zahlen (Einer/Zehner/Hunderter) notieren; 3 dreistellige Zahlen vergleichen, Vorgehensweise beschreiben E ▸ 12 AH ▸ 17 A ▸ 12

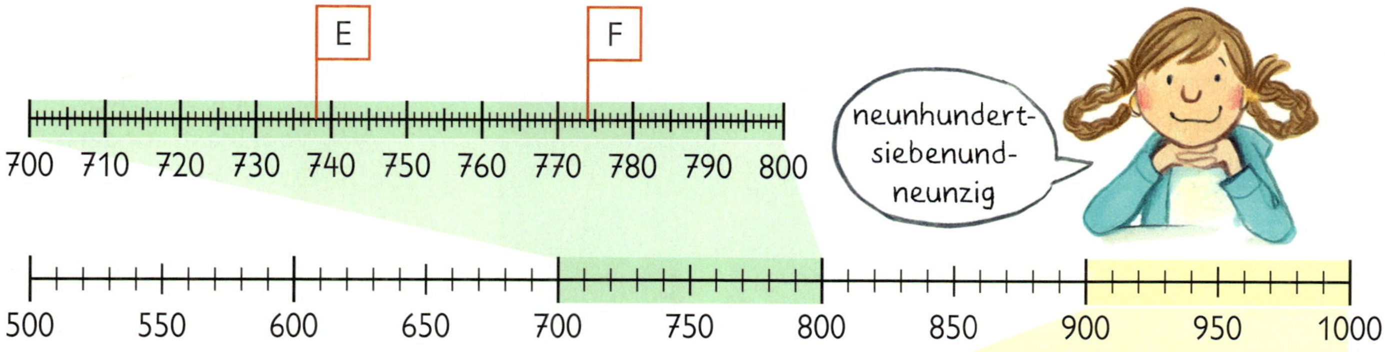

④ Ordne die Zahlen nach der Größe.
Beginne mit der größten Zahl.
746, 564, 764, 476, 832,
1000, 546, 557, 645, 653.

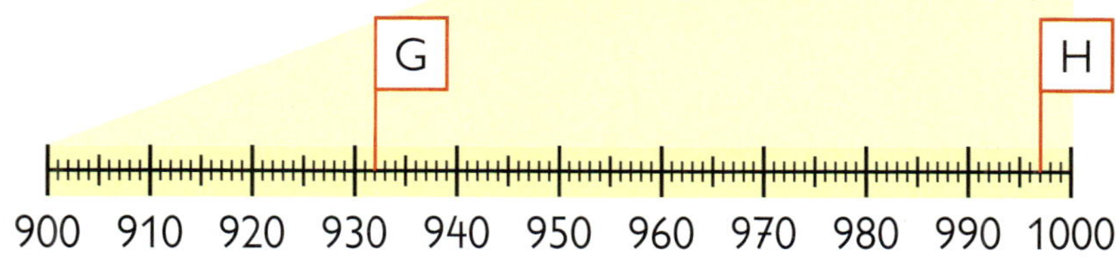

⑤ Weiter mit gleich großen Schritten am Zahlenstrahl

a) 760, 770, ..., 840	**b)** 930, 925, ..., 905	**c)** 325, 350, ..., 475
d) 165, 180, ..., 225	**e)** 310, 420, ..., 860	**f)** 998, 987, ..., 932

⑥ Vorwärts und rückwärts

a) zur Zehnerzahl

127 + 3 = 130	273 + __ = ____
127 − 7 = 120	273 − __ = ____
384 + __ = ____	697 + __ = ____
384 − __ = ____	697 − __ = ____

b) zur Hunderterzahl

340 + 60 = 400	530 + ___ = ____
340 − 40 = 300	530 − ___ = ____
720 + ___ = ____	860 + ___ = ____
720 − ___ = ____	860 − ___ = ____

⑦ Wie geht es weiter?

a)	**b)**	**c)**	**d)**	**e)**
680 + 20	280 + 20	387 + 3	174 − 4	320 − 20
570 + 30	370 + 30	387 + 13	174 − 14	430 − 30
460 + 40	460 + 40	387 + 113	174 − 24	540 − ___
____ + ___	____ + ___	____ + ____	____ − ___	____ − ___

⑧

a) Schreibe alle Spiegelzahlen zwischen 500 und 600 auf.

b) Meine Zahl liegt zwischen 700 und 800. Zehnerzahl ist die 6, die Einerzahl ist genau halb so groß.

c)

Eine Schule mit Eulennest

www.kindernetz.de/reisefuehrer/nordrhein-westfalen/monschau

Im Kinderreiseführer des SWR schreiben die Kinder der Grundschule Konzen:

> Das Eulennest ist eine Kinderbücherei.
> Es befindet sich in der Grundschule Konzen.
>
> Es dürfen auch Kinder aus anderen Orten Bücher ausleihen. Es können auch Erwachsene Bücher ausleihen, aber es gibt nicht so viele für sie, denn es ist ja eine Kinderbücherei.
>
> Man kann höchstens 3 Bücher ausleihen und 3 Wochen behalten.

Öffnungszeiten:
Dienstag: 15.00 bis 16.00 Uhr
Donnerstag: 14.00 bis 15.00 Uhr

Es gibt im Eulennest Bücher für Kinder von 1 bis ca. 13 Jahren.

	Kategorie	Anzahl
00	Bilderbücher	96
01	Hexen, Zauberer, Drachen, Gespenster	50
02	Märchen, Geschichten	50
03	Beziehungen, Freundschaft, Liebe	64
04	Familie, Großeltern, Verwandtschaft	62
05	Tiere	47
06	Krankheit, Abschied, Tod	21
07	Abenteuer, Detektive, Piraten, Indianer	117
08	Schule	29
09	Sport, Fußball	21
10	Krieg, Gewalt, Ritter, Räuber	14
11	Religion, Geschichte	45
12	Englisch	52
13	Naturkunde	81
14	Mensch, Umwelt, Politik	45
15	Technik, Geographie, Astrologie	29
N	Nachschlagewerke	28
K	Kinderbibliothek	46

Die Bücher sind nach Kategorien geordnet. Buchstaben, Ziffern und Farben erleichtern das Aussuchen und Finden der Bücher.

1 **a)** In welcher Kategorie gibt es die meisten Bücher?

b) Wie viele Bücher gibt es zum Thema Sport, Fußball?

c) Wie viele Bücher gibt es mit Märchen und Geschichten?

2 Welche Farbe? Welche Ziffer?
a) Verwandtschaft

b) Englisch

3 Schätze, rechne, wie viele Bücher es insgesamt gibt.
Schreibe deine Überlegungen auf.

Sachinformationen zum „Eulennest" aufnehmen; **1–2** Fragen mit Hilfe der Tabelle beantworten; **3** Gesamtzahl der Bücher schätzen, berechnen

E ▸ 13 AH ▸ 18 A ▸ 13

Aus den Ergebnissen einer großen Fragebogenaktion erfährst du mehr über das Eulennest.

① Wie oft meldest du dich, um deine Pause im Eulennest zu verbringen?

1. ☐ jeden Tag
2. ☐ 1-mal in der Woche
3. ☐ selten
4. ☐ nie

Lies aus dem Balkendiagramm ab, wie viele Kinder welche Antworten angekreuzt haben.

Balkendiagramm

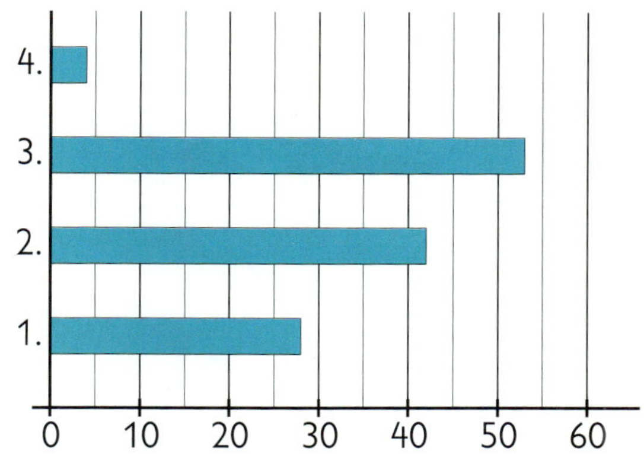

② Wie gerne gehst du ins Eulennest?
So haben die Kinder angekreuzt.

☺	sehr gerne	67
☺	gerne	30
☺	ziemlich gerne	25
☹	nicht gerne	2

Welche Farbe steht für welche Zahl? Schreibe auf.

Kreisdiagramm

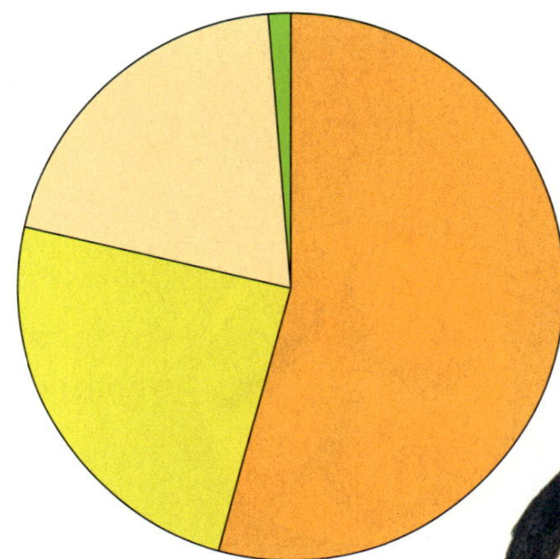

③ Was machst du am liebsten im Eulennest?

1. ☐ Computerspiele
2. ☐ beim Vorlesen zuhören
3. ☐ zusammen lesen
4. ☐ alleine lesen
5. ☐ ein Spiel spielen

Säulendiagramm

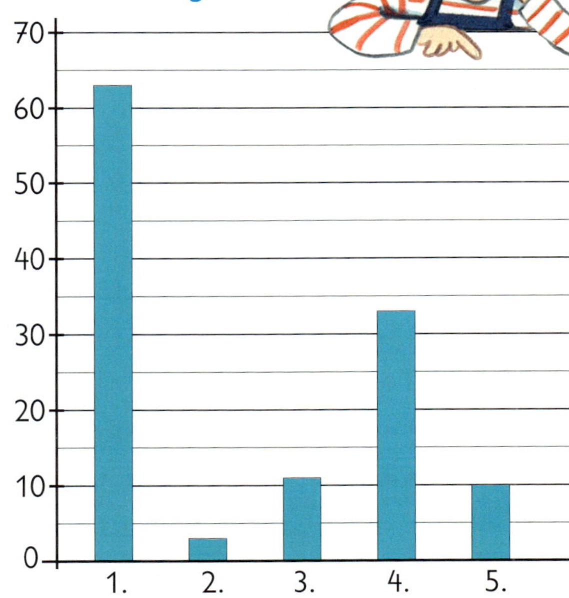

a) Was haben die meisten Kinder als Lieblingsbeschäftigung im Eulennest angegeben?

b) Stelle das Ergebnis von Aufgabe 3 auch als Tabelle dar.

ⓒ Wie viele Kinder haben an der Umfrage teilgenommen?

ⓓ Prüfe die errechnete Anzahl auch an den anderen Aufgaben.

Das kann ich schon!

① Sachaufgaben

a)

b)

c)

Preistafel	
$\frac{1}{2}$ Brötchen mit Salami/Käse/Wurst	60 ct
$\frac{1}{4}$ Paprika	15 ct
2 Gurkenstifte	10 ct
Möhren (ganz)	15 ct
Apfel- oder Birnenhälften	20 ct
Apfelschorle oder Mineralwasser	10 ct
Milch/Kakao	25 ct

Was müssen die Kinder jeweils bezahlen?

Vedat bezahlt:  . Finde 2 Möglichkeiten oder mehr.

Anna möchte dazu ein Getränk. Reicht das Geld?

② Figuren zeichnen

a) Übertrage die Figuren in dein Heft.

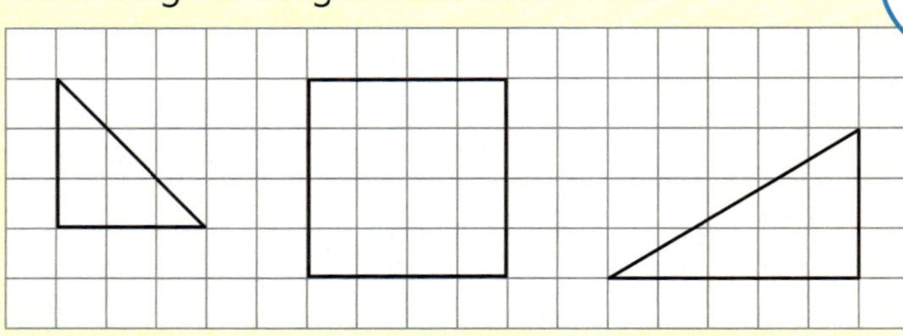

b) Zeichne

- ein Dreieck mit zwei gleich langen Seiten.
- ein Rechteck, das auf der langen Seite steht.
- ein Quadrat, das aus zwei deckungsgleichen Dreiecken besteht.
- ein Rechteck, das aus zwei gleich großen Quadraten besteht.
- ein Rechteck und ein Dreieck so, dass ein Pfeil entsteht, der nach rechts zeigt.

Lernstand nachweisen, sich des eigenen Könnens bewusst werden: 1 Preistafel als Grundlage verschiedener Berechnungen nutzen; 2 Figuren übertragen, Figuren nach Beschreibung zeichnen

E ▶ 14 A ▶ 14

③ Im Tausenderraum

a) bündeln
- Wie viele Zehner bilden einen Hunderter?
- Wie viele Hunderter bilden einen Tausender?
- Wie viele Zehner bilden einen Tausender?

b) Wie heißt die Zahl? Schreibe als Summe in dein Heft.

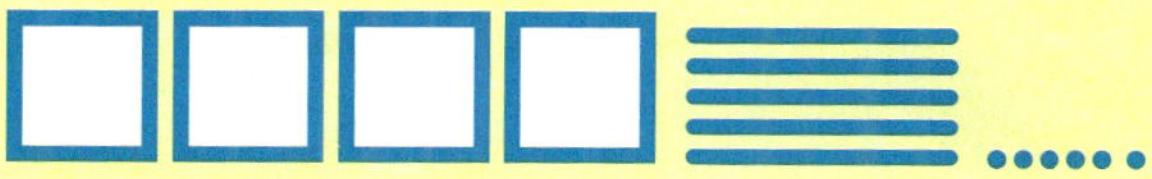

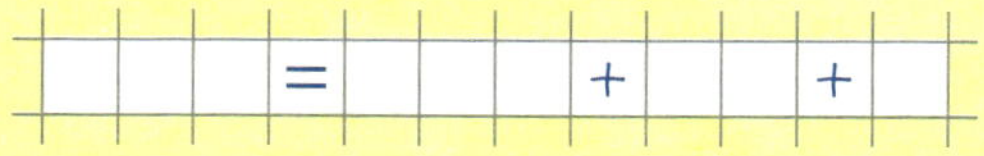

c) Schreibe in eine Stellentafel:
- fünfhundertzweiundachtzig
- neunhundertsechs
- siebenhundertneunzehn

d) Bestimme die fehlenden Zahlen.

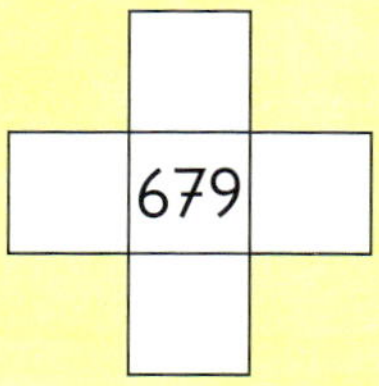

④ Am Zahlenstrahl

a) Schreibe 5 Zahlen, die auf dem abgebildeten Ausschnitt des Zahlenstrahls liegen. Jede Ziffer (0–9) soll mindestens einmal vorkommen.

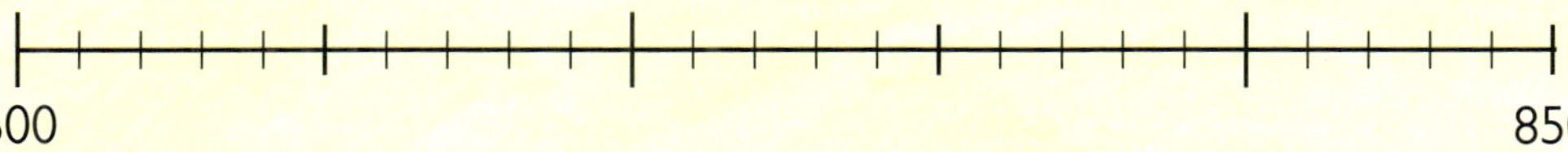

b) Von ▮ in Zwanzigerschritten
Von ▮ in Fünfzigerschritten vorwärts
Von ▮ in Hunderterschritten rückwärts

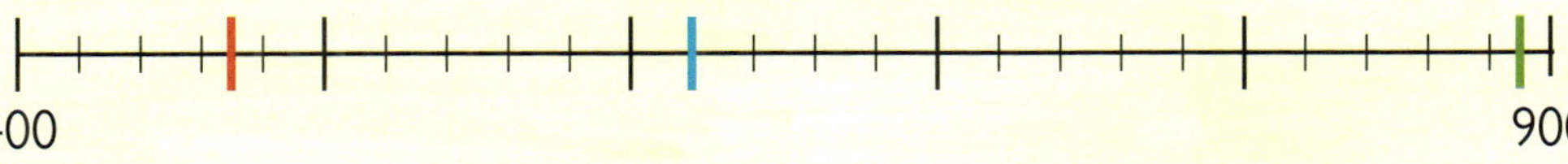

⑤ Addieren und subtrahieren im Zahlenraum bis 1000

a)	b)	c)	d) Zusammen 1000
670 + 30	780 − 20	560 + 140	890 + ___
570 + 130	540 − 30	540 + 160	760 + ___
470 + ___	560 − ___	620 + 280	530 + ___
___ + ___	370 − ___	680 + 220	640 + ___
___ + ___	840 − ___	370 + 530	470 + ___
___ + ___	560 − ___	___ + ___	

3 Orientierung im Tausenderraum und Einsicht in das Stellenwertsystem nachweisen;
4 Zahlen am Zahlenstrahl identifizieren, Zahlenfolgen notieren; 5 einfache Additions- und Subtraktionsaufgaben im erweiterten Zahlenraum lösen E ▸ 14 A ▸ 14

Längen – km, m

Messrad

Tacho/Kilometerzähler

Rollmaßband

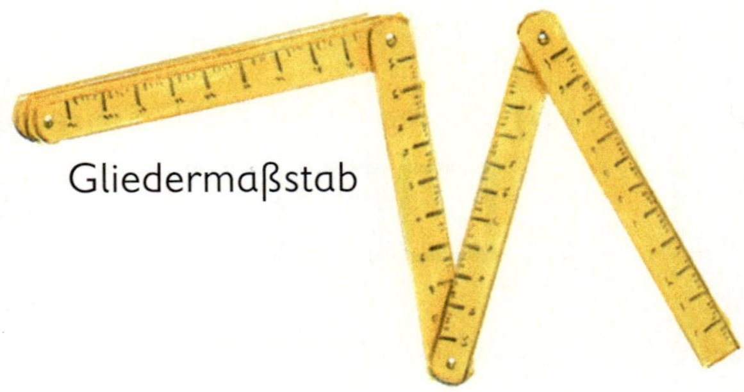
Gliedermaßstab

1 Kilometer = 1000 Meter
1 km = 1000 m

① Wie weit ist es? Wie lange dauert es?

Hier wohnen Anna und Tom.

a) Wie lange braucht Anna für den Rundweg, wie lange Tom?

b) In wie vielen Minuten gehst du 1 km?

c) In wie vielen Minuten fährst du 1 km mit dem Fahrrad?

d) Wie würdest du die Weglänge prüfen?

Kilometer als größte Einheit der Längenmaße kennen lernen:
1 Weglängen in Kilometer angeben, Wegzeiten berechnen

E ▶ 15 AH ▶ 19 A ▶ 15

② 

2,5 km = 2 km 500 m
0,5 km = 500 m
0,1 km = 100 m
Das Komma trennt Kilometer und Meter.

a) Schreibe die Entfernungsangaben auf den Wegweisern ausführlich in km und m.

b) Wie weit ist es vom Rathaus Schöneberg bis zum Hunsrücker Platz?

c) Boris kommt vom Bundesplatz und will mit dem Rad weiter nach Kreuzberg. Wie lang ist der Weg?

③ Mit dem Fahrrad unterwegs. Auf dem Tacho siehst du die gefahrenen Kilometer. Schreibe sie in der richtigen Reihenfolge auf.

a) 

b) 

c) 

d) 

e) 

④ Wie viel fehlt bis 1000 m?

S. 31, Nr. 4
a) 400 m + 600 m = 1000 m

a) 400 m　b) 800 m　c) 500 m
d) 650 m　e) 150 m　f) 350 m
g) 930 m　h) 720 m　i) 390 m

⑤ Wie viel fehlt bis 10 km?

a) 3 km 500 m　b) 8 km 150 m　c) 5 km 700 m　d) 9 km 100 m　e) 6 km 800 m

⑥ Schreibe als Kommazahl.

S. 31, Nr. 6
a) 3 km 800 m = 3,8 km

a) 3 km 800 m　b) 1 km 500 m　c) 8 km 400 m
d) 15 km 200 m　e) 9 km 300 m　f) 10 km 100 m
g) 5 km 700 m　h) 23 km 500 m　i) 18 km

Längen – m, cm

(1) Wie lang ungefähr? Wie hoch, wie breit?

1 m = 100 cm
1 m = 10 dm
1 dm = 10 cm

(2) Längenmaße können unterschiedlich geschrieben werden:

a) Schreibe die Länge mit Komma und ordne nach der Größe.

1 m 73 cm | 17 m | 178 cm | 3 m 80 cm | 3 m 8 cm | 38 cm

b) Ergänze die Tabelle. Schreibe in dein Heft wie im Beispiel.

213 cm	=	2 m 13 cm	=	2,13 m
	=		=	1,40 m
138 cm	=		=	
	=	1 m 29 cm	=	
208 cm	=		=	
	=	3 m 4 cm	=	

Meter und Zentimeter: 1 Längenmaße einschätzen; 2 Längenmaße notieren

E ▸ 16 AH ▸ 20 A ▸ 16

> 1 Zentimeter = 10 Millimeter
> 1 cm = 10 mm

① a) Welche Stifte sind kürzer als 55 mm?

b) Welche Stifte sind länger als 80 mm?

c) Bestimme die genaue Länge der Stifte.

② a) Zeichne Strecken in dein Heft.
Gib die Länge in cm und mm an.

15 mm	23 mm	48 mm
60 mm	123 mm	105 mm

S. 33, Nr. 2
a) 15 mm = 1 cm 5 mm

b) Zeichne die Strecken in dein Heft. Notiere die Längen in Millimeter.

2 cm 5 mm   6 cm 8 mm   10 cm 4 mm   15 cm 2 mm   8 cm 3 mm   9 cm 7 mm

③ Welche Längen sind gleich?

109 mm   91 mm   9 cm 1 mm   10,9 cm   90,1 cm

19 cm   901 mm   90 cm 1 mm   10 cm 9 mm   9,1 cm

④ Schreibe die Längen der Größe nach in dein Heft.
Beginne mit der kleinsten Länge.

a)	b)
83,7 cm	605 cm
387 cm	65 mm
70 cm 3 mm	56 cm
873 mm.	60 cm 5 mm

⑤ Ergänze auf 100 cm.

S. 33, Nr. 5
a) 955 mm + 45 mm = 1000 mm

a) 95 cm 5 mm, 69 cm 5 mm, 50 cm 5 mm, 5 mm

b) 90,5 cm
59,5 cm
15,5 cm
75,0 cm

Zentimeter und Millimeter: 1–4 Längen bestimmen, umwandeln und vergleichen;
5 Längenmaße auf 100 cm ergänzen

E ▸ 16   AH ▸ 20   A ▸ 16

Addition mit großen Zahlen

① Der Kinosaal hat Platz für 650 Zuschauer.

a) 379 Plätze sind schon besetzt. Wie viele freie Plätze gibt es noch?

b) 117 vorbestellte Karten sind noch nicht abgeholt. Wie viele Karten können noch verkauft werden?

c) In der Warteschlange an der Kinokasse stehen 68 Personen. Wie viele Plätze sind voraussichtlich unbesetzt?

Schau genau hin. Nutze beim Rechnen die Veränderungen.

② a) 40 + 30, 340 + 30, 343 + 30, 343 + 37
b) 630 + 50, 637 + 50, 637 + 55, 637 + 58
c) 420 + 40, 420 + 48, 422 + 48, 425 + 48
d) 560 + 20, 560 + 26, 564 + 26, 564 + 29
e) 850 + 40, 855 + 40, 855 + 45, 858 + 45

③ a) 710 + 60, 725 + 60, 737 + 60, 742 + 60
b) 330 + 50, 335 + 50, 342 + 50, 352 + 50
c) 920 + 40, 920 + 60, 925 + 70, 929 + 71
d) 631 + 20, 641 + 26, 651 + 26, 661 + 29
e) 537 + 21, 557 + 21, 557 + 31, 587 + 51

④ Übertrage die Tabellen in dein Heft und rechne sie aus.

a)

+	40	50	70
460			
660			
860			

b)

+	20	40	60
620			
690			
790			

c)

+	35	55	65
765			
785			
795			

⑤ a)

150	80	470

b)

	800	
250		370

c)

	480	
	45	55

d)

	480	
45	55	

⑥ Finde mehrere Zahlenmauern mit den Zahlen 1000, 630 und 115.

1 im Sachkontext ergänzen, Teilaspekte mathematisieren, Differenzen bestimmen; 2–3 Addition zweistelliger Zahlen; 4 in Tabellen ohne/mit Überschreitung addieren; 5–6 Übungsformat Zahlenmauern, Lösungsvarianten finden

E ▸ 17 AH ▸ 21 A ▸ 17

Addition mit großen Zahlen

① 

Wie rechnen die Kinder weiter?
Schreibe die Aufgaben vollständig auf und berechne das Ergebnis.

② **a)** 354 + 199
467 + 199
643 + 299
586 + 299

b) 238 + 50
479 + 50
578 + 55
789 + 58

c) 420 + 47
420 + 56
422 + 38
425 + 64

d) 508 + 97
617 + 83
627 + 93
777 + 88

e) 209 + 198
324 + 278
440 + 468
666 + 333

285 307 308 353 535 602 605 616 666 710 710 853 865 885 908 910 912 915 999

③ 

2	4	5	+	1	3	8	=	3	8	3
2	4	5	+	1	0	0	=	3	4	5
3	4	5	+		3	0	=	3	7	5
3	7	5	+			8	=	3	8	3

a) 253 + 339
647 + 248
316 + 283
434 + 479

b) 728 + 237
545 + 356
457 + 476
249 + 534

592 599 744 783 895 901 913 933 965

④ Rechne geschickt.

a) 334 + 217 + 166
576 + 158 + 224
438 + 156 + 244
257 + 365 + 235

b) 285 + 305 + 195
473 + 207 + 193
356 + 214 + 286
198 + 222 + 478

c) 199 + 299 + 399
398 + 298 + 198
97 + 297 + 497
496 + 296 + 196

717 785 838 856 857 873 891 894 897 898 958 988

⑤ **a)** 376 + 235 + ____ = 850
376 + ____ + 329 = 850
266 + ____ + 329 = 850
____ + ____ + 329 = 850
____ ____ + ____ = ____

⑥ 287 + ____ + ____ = 935
287 + ____ + ____ = 935
287 + ____ + ____ = 935
287 + ____ + ____ = 935

1–3 Rechenkonferenz: individuelle Rechenwege nachvollziehen, verstehen und aufgabenbezogen nutzen; **4–6** Muster wahrnehmen und lösungswirksam nutzen
E ▸ 17 AH ▸ 21 A ▸ 17

Überschlag

①

Überschläge helfen zu jeder Zeit.

Vor dem Rechnen:
- schnell rechnen mit einfachen Zahlen,
- das ungefähre Ergebnis wissen.

Nach dem Rechnen:
- Ergebnis und Überschlag vergleichen.

② Wie groß ist das Ergebnis ungefähr? Notiere deinen Überschlag und ordne zu.

S. 36, Nr. 2

a) 317 + 468
Ü: fast 800

a)	b)
317 + 468	825 + 146
653 + 219	154 + 469
489 + 403	376 + 415

c)	d)
266 + 488	539 + 72
628 + 177	287 + 393
324 + 366	483 + 298

③ Bei welchen Aufgaben weißt du sofort, dass das Ergebnis falsch ist? Begründe.
Schreibe diese Aufgaben korrigiert in dein Heft.

S. 36, Nr. 3

a) 563 + 257 = 720 f, denn
560 + 200 ist schon > 720

a)	b)
563 + 257 = 720	432 + 109 = 641
762 + 168 = 830	376 + 456 = 932
627 + 184 = 801	707 + 186 = 893
493 + 329 = 722	536 + 385 = 921
555 + 389 = 934	326 + 458 = 884

1 Bedeutung von Überschlagsrechnungen verstehen;
2–3 Überschläge in den verschiedenen Funktionen nutzen

E ▸ 18 AH ▸ 22 A ▸ 18

1 Prüfe diese Angebote.

2 **a)** Familie Sand kauft eine Tischtennisplatte und ein Minitrampolin.

b) Anna hat 150 € . Sie möchte Inlineskater und einen Tennisschläger.

c) Familie Berger kauft einen Billardtisch und zwei Klapproller.

d) Tom interessiert sich für den Billardtisch. Er möchte auch ein Skateboard. Er hat 280 Euro gespart.

3 Ahmet hat Geburtstag. Er darf sich für 50 € etwas aussuchen. Er würde gerne das Minitrampolin haben. Reicht das Geld, wenn er seine Ersparnisse in Höhe von 75 € dazulegt?

4 Wie viel Geld braucht Super M ungefähr?

5 Welche Fragen kannst du beantworten? Schreibe sie mit der Antwort in dein Heft.

- Wer hat weniger als 100 € ausgegeben?
- Wer hat den letzten Klapproller bekommen?
- Wer hat mehr als 150 € ausgegeben?
- Welcher Artikel wurde am häufigsten verkauft?
- Wer hat das meiste Geld ausgegeben?

1 „Sonderangebote" prüfen; 2–3 Gesamtpreis für den Einkauf mehrerer Artikel berechnen; 4 Gesamtpreis überschlägig bestimmen; 5 Fragen klassifizieren, ggf. beantworten

E ▸ 18 AH ▸ 22 A ▸ 18

Schriftlich addieren

① Anna hört gerne Musik. Sie wünscht sich einen MP3-Player für 138 €.
Ihr Bruder Tom möchte ein Radio mit CD-Player. Es kostet 157 €.
Sie überlegen gemeinsam, wie viel Euro die Eltern insgesamt bezahlen müssen.

Anna legt die Beträge. Tom schreibt die Beträge in eine Stellentafel.

Schriftlich addieren:
Bei den Einern beginnen.
Wechseln.
Übertrag notieren.

② Lege, schreibe in eine Stellentafel. Rechne wie in Aufgabe 1.

a) 121 € + 234 € **b)** 335 € + 246 € **c)** 448 € + 306 € **d)** 743 € + 238 €

e) 507 € + 288 € **f)** 624 € + 259 € **g)** 827 € + 109 € **h)** 289 € + 576 €

355 € 581 € 754 € 795 € 836 € 863 € 865 € 883 € 981 €

③ Rechne im Heft.

a)

	H	Z	E
	4	7	5
+	3	1	4

b)

	H	Z	E
	5	3	9
+	2	2	2

c)

	H	Z	E
	3	5	7
+	4	5	1

d)

	H	Z	E
	4	1	6
+	5	0	9

e)

	H	Z	E
	6	2	8
+	3	4	5

645 761 789 808 925 973

④ Alex und Lena haben zusammen 560 € gespart.
Beide besitzen Hunderterscheine, Zehnerscheine, 1-€-Münzen. Was kann sein?

1 handlungsgestützte Hinführung zum schriftlichen Addieren, das Rechnen in Stellenwerten erfordert den stellengerechten Aufschrieb, ggf. Zehnerbündelung mit Übertrag; 2 schriftliche Addition von Geldbeträgen wie im Beispiel; 3 Übungsaufgaben mit einer Stellenüberschreitung E ▸ 19 AH ▸ 23 A ▸ 19

1

Rechne wie im Beispiel.

a)	H	Z	E	b)	H	Z	E	c)	H	Z	E	d)	H	Z	E	e)	H	Z	E
	4	3	5		2	4	8		1	6	5		8	3	2		3	2	6
+	3	1	7	+	6	4	5	+	4	2	7	+	1	4	9	+	4	5	8

592 752 784 873 893 981

Achte auf die Überträge.

2

366	532	504	336	227
+ 327	+ 386	+ 356	+ 408	+ 435

622 662 693 744 770 860 918

3

487	579	668	417	378
+ 378	+ 226	+ 284	+ 285	+ 436

702 762 805 865 952 814

4 Addiere schriftlich.

327 + 128 336 + 107 414 + 77 79 + 504

448 + 225 208 + 555 327 + 68 57 + 726

Stellengerecht schreiben:
Hunderter unter Hunderter
Zehner unter Zehner
Einer unter Einer

5 Zusammen immer 517. Finde eigene Aufgaben.

6 Wie geht es weiter? Beschreibe das Muster.

128	128	128	128	128	128
+ 153	+ 203	+ 253	+	+	+

1 Erklärung des Verfahrens als Folge vorgeschriebener Schritte, Vereinbarung zur Notation des Übertrags; 2–4 Übungsaufgaben; 5 Zerlegungen für eine vorgegebene Summe finden; 6 „Muster" fortsetzen

E ▸ 19 AH ▸ 23 A ▸ 19

Schriftlich addieren

① Schreibe stellengerecht in dein Heft und addiere schriftlich.

a) 128 + 563	b) 236 + 457	c) 607 + 335	d) 58 + 436	e) 384 + 607
276 + 215	467 + 328	809 + 143	379 + 314	604 + 208
674 + 119	559 + 234	403 + 369	66 + 726	837 + 105

491 494 691 693 693 772 792 793 793 795 795 812 942 942 952 991 997

②

a) 248 + 381	b) 398 + 141	c) 450 + 376	d) 55 + 482	e) 362 + 147
486 + 472	534 + 284	333 + 484	136 + 793	784 + 121
532 + 385	777 + 141	799 + 120	68 + 871	545 + 362

492 509 537 539 629 817 818 826 905 907 917 918 919 929 939 958

③

a) 348 + 474	b) 417 + 495	c) 124 + 779	d) 624 + 287	e) 417 + 498
565 + 157	386 + 425	348 + 554	539 + 372	309 + 593
789 + 145	558 + 353	439 + 466	478 + 434	571 + 349

722 811 822 843 901 902 902 903 905 911 911 911 912 912 915 920 934 945

④

a) Addiere 726 und 275.

b) Verdopple 398.

c) Bilde die Summe aus 444 und 466.

d) Addiere zur Hälfte von 224 die Zahl 888.

e) Verdopple die Summe aus 187 und 245.

788 796 864 910 1000 1001

⑤ Drei Summanden addieren, das kann ich.

a) 332 + 126 + 119

b) 612 + 101 + 168

c) 368 + 272 + 313

d) 283 + 445 + 256

e) 139 + 342 + 457

577 793 881 938 953 984

	H	Z	E
	2	3	7
+	2	2	3
+	1	2	4
		1	
	5	8	4

⑥ a) 463 + 174 + 295

b) 395 + 297 + 186

c) 167 + 458 + 293

d) 639 + 98 + 198

e) 548 + 299 + 85

f) 686 + 96 + 179

g) 709 + 107 + 108

h) 263 + 364 + 283

⑦ Finde nach diesem Muster eigene Aufgaben.

	1	2	3
+	2	3	4
+			
1	0	0	0

	2	3	4
	3	4	5
+			
1	0	0	0

1–3 Aufgaben stellengerecht notieren, Verfahren der schriftlichen Addition anwenden; 4 beschriebene Aufgaben notieren und lösen; 5–6 Übungsaufgaben mit 3 Summanden

E ▸ 20 AH ▸ 24 A ▸ 20

① Richtig oder falsch? Welche Antwort passt?

```
  4 3 9
+ 2 1 3
    1
  6 4̸ 2  f  C
    5
```

a)	b)	c)	d)	e)
327	674	267	543	195
+ 492	+ 88	+ 614	+ 349	+ 703
719 ☐	652 ☐	881 ☐	992 ☐	808 ☐

A Übertrag immer vergessen

F Übertrag zu viel

G Alles richtig

B Übertrag bei der Zehnerstelle vergessen

C Übertrag bei einer Stelle vergessen

D Rechenfehler in der Zehnerstelle

E Rechenfehler in der Hunderterstelle

② Schreibe alle Aufgaben mit zwei Zahlen, deren Summe

a) größer als 600 ist.

223 164 408 398 359 216

b) kleiner als 800 ist.

426 367 544 432 383 271

c) genau 750 ist.

372 461 227 289 373 523

③ In welchem Bereich des Zahlenstrahls liegen die Summen?

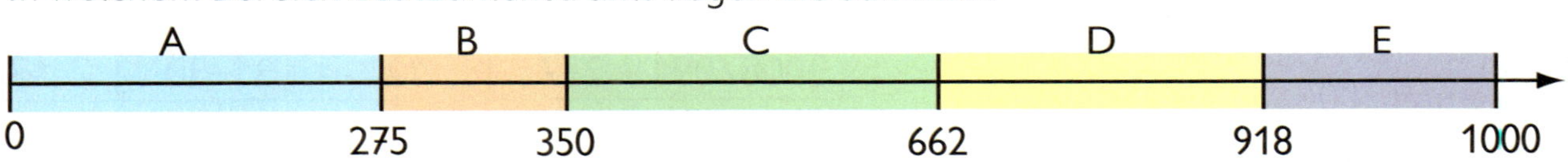

1 2 7 + 2 3 5 = 3 6 2 C

a) 187 + 155 ☐ b) 249 + 198 ☐ c) 504 + 359 ☐ d) 706 + 213 ☐

Finde eigene Aufgaben.

e) 275 + ____ C f) 275 + ____ D g) 275 + ____ B h) 275 + ____ E

④ Eva hat sich ein Spiel mit Ziffernkarten ausgedacht.
Sie legt alle Karten von 1 bis 9 verdeckt auf den Tisch.

Sie zieht drei Kärtchen 3 7 5,

dann nochmal 4 2 9,

und noch einmal 6 8 1.

Dann versucht sie, dreistellige Zahlen zu bilden, deren Summe möglichst nahe bei 1000 liegt.

1 Lösungen prüfen, Fehler begründen; 2 Aufgaben entsprechend der Vorgabe finden; 3 Summen den Abschnitten des Zahlenstrahls zuordnen; 4 mit Ziffernkärtchen drei Summanden erzeugen, deren Summe möglichst nahe bei 1000 liegt E ▸ 20 AH ▸ 24 A ▸ 20

Zahlen aus der Schule

1

Klassenfoto 1968

Klassenfoto 1998

In der Tabelle kannst du viele Informationen ablesen.

a) In welchem Schuljahr hatte die Schule die meisten Schüler, wann die wenigsten?

b) Wie viele Kinder waren im Schuljahr 1968/69 ungefähr in einer Klasse?

c) Wie viele Kinder waren im Schuljahr 1986/87 ungefähr in einer Klasse?

d) Vergleiche die Anzahl der Lehrer in den Schuljahren 1968/69 und 2008/09 bezogen auf die jeweiligen Schülerzahlen. Was fällt dir auf?

Schuljahr	Anzahl Schüler	Anzahl Klassen	Schüler pro Klasse	Anzahl Lehrer
1968/69	569	14	36–44	12
1972/73	677	17	35–45	14
1978/79	428	14	25–33	15
1986/87	257	12	17–25	12
1990/91	356	13	20–27	13
1994/95	340	13	20–29	15
2002/03	362	13	23–29	14
2006/07	280	11	18–28	14
2008/09	277	12	21–30	17

2 Stelle die Anzahlen der Schüler symbolisch dar. Zeichne in dein Heft.

= 50 Schüler

3 Auf dem Schulhof früher und heute
Was fällt dir auf, wenn du die beiden Darstellungen vergleichst? Erkläre.

1972/73

= 10 Kinder

2008/09

1 Daten aus Tabellen entnehmen; 2 symbolische Darstellung von gerundeten Anzahlen;
3 Bilder vergleichen, Veränderungen beschreiben und interpretieren

E ▸ 21 AH ▸ 25 A ▸ 21

4

	Schülerzahl		Offene Ganztagsschule (OGS)	
Klasse	gesamt	davon Jungen	Jungen	Mädchen
1 a	23	15	4	0
1 b	22	14	4	2
1 c	22	15	2	1
2 a	20	8	3	2
2 b	21	14	7	7
2 c	20	10	3	6
3 a	22	7	1	3
3 b	22	9	2	1
3 c	21	8	3	4
4 a	28	14	5	3
4 b	28	13	3	3
4 c	30	10	1	3

a) Wie viele Klassen hat die Schule?

b) Wie viele Kinder sind jeweils im 1. Schuljahr, im 2., 3. und 4. Schuljahr?

c) Wie viele Mädchen sind an der Schule, wie viele Jungen?

d) Wie viele Kinder sind insgesamt an der Schule?

e) In welchem Schuljahr sind die meisten Kinder? In welchem die wenigsten?

f) In welchem Schuljahr sind mehr Jungen als Mädchen? Wie viele mehr sind es?

g) Die Schule hat 2 Schulhöfe. Einen für die Klassen 1 und 2 und einen für die Klassen 3 und 4. Wie viele Kinder befinden sich in den Pausen jeweils auf den beiden Schulhöfen?

5 In der Offenen Ganztagsschule

a) Wie viele Kinder besuchen die Offene Ganztagsschule (OGS)?

b) Aus welchem Schuljahr sind die meisten Kinder in der Ganztagsschule? Aus welchem die wenigsten?

c) Zum neuen Schuljahr verlassen 21 Kinder die OGS, 24 wurden neu angemeldet. Wie viele Kinder sind dann in der OGS?

6 Übertrage die 4-Felder-Tafel in dein Heft und fülle aus.

Wie viele Jungen aus den ersten beiden Schuljahren sind in der OGS?

Schüler in der OGS		
	Klassen 1 und 2	Klassen 3 und 4
Mädchen		
Jungen		

Wie viele Mädchen sind in der OGS?

Wie viele Kinder aus den Klassen 3 und 4 sind in der OGS?

Subtraktion mit großen Zahlen

1

Naomi Boris

Rechne wie Naomi.

a)	b)	c)	d)
376 – 27	762 – 28	571 – 34	952 – 37
324 – 75	584 – 57	653 – 26	854 – 26
432 – 83	673 – 64	732 – 17	764 – 45

2 Überlege am Rechenstrich, rechne wie Boris.

a)	b)	c)	d)
572 – 36	893 – 54	653 – 37	784 – 56
663 – 47	784 – 55	762 – 37	684 – 46
965 – 26	675 – 56	971 – 37	884 – 47

3 Übe den Weg, der immer zum Ziel führt.

a)	b)	c)	d)
985 – 58	561 – 27	674 – 37	761 – 24
874 – 47	753 – 44	555 – 37	472 – 35
763 – 36	672 – 66	863 – 37	983 – 46

4 Schreibe und löse als Ergänzungsaufgabe wie im Beispiel.

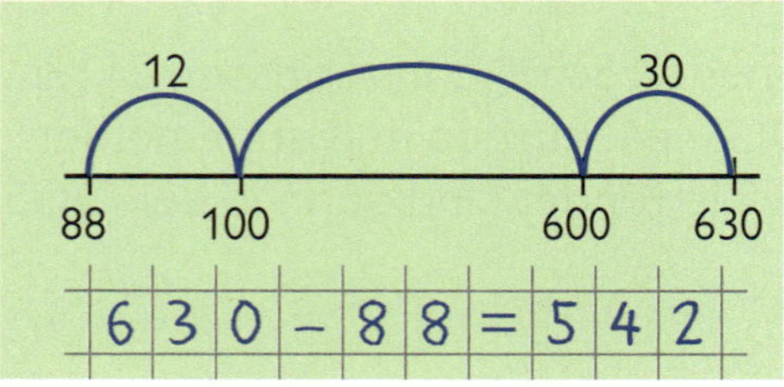

a)	b)	c)
630 – 88	940 – 73	610 – 81
740 – 95	830 – 85	420 – 72
820 – 93	720 – 97	550 – 69
510 – 76	220 – 68	340 – 76
950 – 86	410 – 81	730 – 92

5 Rechne geschickt.

a)	b)	c)	d)
246 – 37	332 – 26	673 – 47	591 – 65
352 – 48	481 – 77	962 – 35	384 – 58
465 – 29	753 – 45	595 – 68	761 – 36
574 – 56	824 – 16	781 – 74	873 – 45

209 304 306 326 404 436 518 526 527 626 648 707 708 808 828

1–3 verschiedene Denk- und Rechenwege nachvollziehen und erproben; **4** Subtraktionsaufgaben durch Ergänzen lösen; **5** einen aufgabenbezogenen, geschickten Weg nutzen

E ▸ 22 AH ▸ 26 A ▸ 22

Wie rechnen die Kinder weiter?
Schreibe die Aufgaben vollständig auf und berechne das Ergebnis.

Rechne wie Vedat.

a)	b)	c)	d)
450 − 269	520 − 238	760 − 275	950 − 187
540 − 358	430 − 347	810 − 326	850 − 276
630 − 279	610 − 459	930 − 467	730 − 445
720 − 368	740 − 579	640 − 375	650 − 366

83 151 161 181 182 265 282 283 284 285 351 352 463 484 485 574 763

2 Rechne wie Marlene.

a)	b)	c)	d)
526 − 64	526 − 164	937 − 153	937 − 253
637 − 52	637 − 152	848 − 161	848 − 361
818 − 66	818 − 166	629 − 174	629 − 474
938 − 75	938 − 175	746 − 181	746 − 585

155 161 362 455 462 476 485 487 565 585 652 684 687 752 763 784 863

3 Rechne wie Super M.

4	2	3	−	1	7	6	=	2	4	7
4	2	3	−	1	0	0	=	3	2	3
3	2	3	−		7	0	=	2	5	3
2	5	3	−			6	=	2	4	7

a)	b)
534 − 256	722 − 456
615 − 247	813 − 528
742 − 364	604 − 377
413 − 285	907 − 689

128 218 227 256 266 278 285 368 378

4 Schau genau hin. Manchmal hilft es, die Reihenfolge zu ändern.

a)	b)	c)
984 − 273 − 184	946 − 326 − 170	898 − 199 − 299
876 − 155 − 276	817 − 485 − 267	989 − 299 − 198
753 − 217 − 353	735 − 279 − 145	797 − 398 − 299
928 − 399 − 428	653 − 145 − 208	888 − 289 − 399

65 100 101 183 200 300 311 400 445 450 492 500 527

1–3 verschiedene Denk- und Rechenwege nachvollziehen und erproben;
4 durch Vertauschen der Subtrahenden die Lösung vereinfachen

E ▸ 22 AH ▸ 26 A ▸ 22

Schriftlich subtrahieren – ergänzen

Schriftlich subtrahieren – ergänzen –
in der Einerspalte
in der Zehnerspalte
in der Hunderterspalte

① Rechne wie im Beispiel.

a)

	H	Z	E
	8	5	7
−	3	2	3

b)

	H	Z	E
	7	8	5
−	5	3	2

c)

	H	Z	E
	6	9	7
−	4	5	3

d)

	H	Z	E
	7	9	9
−	5	6	3

e)

	H	Z	E
	9	7	4
−	6	2	1

156 236 244 253 353 534

Löse durch Ergänzen. Beginne mit den Einern.

② 366 − 123 | 586 − 242 | 584 − 351 | 776 − 404

129 233 243 344 372

③ 574 − 273 | 669 − 446 | 784 − 362 | 497 − 275

222 223 232 301 422

④ Schreibe stellengerecht und berechne durch schriftliches Subtrahieren.

578 − 123 765 − 153 494 − 184

684 − 221 896 − 274 659 − 553

519 − 406 787 − 263 967 − 427

327 − 106 739 − 518 788 − 256

106 113 211 221 263 310 455 463 524 533 540 612 622

⑤ 435 − 197

Erfinde nach diesem Muster eigene Aufgaben, die sich genauso leicht lösen lassen.

Erklärung des Verfahrens als Folge vorgeschriebener Schritte, Differenzbildung durch Ergänzen; **1–4** Übungsaufgaben; **5** Aufgaben nach dem vorgegebenen Muster suchen

E ▸ 23 AH ▸ 27 A ▸ 23

Schriftlich subtrahieren – ergänzen

> Schriftlich subtrahieren
> mit Überschreitung
> – ergänzen –
> in zwei Stellen verändern
> in zwei Spalten notieren

① Rechne wie Jan.

	a)	H	Z	E
		8	5	3
	−	3	2	9

	b)	H	Z	E
		7	8	2
	−	5	3	8

	c)	H	Z	E
		6	9	2
	−	4	5	7

	d)	H	Z	E
		7	4	9
	−	5	9	3

	e)	H	Z	E
		9	1	4
	−	6	7	2

156 235 242 244 524 253

Löse durch Ergänzen. Notiere die **Überträge** sorgfältig.

② $366 - 127$ $583 - 246$ $584 - 356$ $726 - 408$

129 228 239 318 337

③ $547 - 378$ $609 - 246$ $704 - 285$ $402 - 209$

169 193 292 363 419

④ Schreibe stellengerecht und berechne durch schriftliches Subtrahieren.
Achte auf die Überträge.

a) 573 – 128 765 – 137 464 – 84 572 – 406 757 – 269 961 – 427

b) 684 – 225 891 – 274 619 – 55 321 – 106 732 – 518 780 – 256

166 214 215 380 455 459 488 492 524 534 564 617 628

⑤ Wähle drei Ziffernkärtchen.
Ordne sie zu einer dreistelligen Zahl und notiere sie. Vertausche nun Hunderter- und Einerstelle und notiere auch diese Zahl.

Im Beispiel ist der Unterschied genau 198. Wie groß ist der Unterschied zwischen den beiden Zahlen bei dir? Lege und rechne viele Beispiele. Was fällt dir auf?

Klärung der „Erweiterungstechnik“ bei Stellenüberschreitung und Vereinbarung zur Notation des Übertrags; **1–4** Übungsaufgaben; **5** mit Ziffernkärtchen Aufgaben nach Vorschrift erzeugen, Besonderheiten der Differenzbildung erforschen E ▸ 23 AH ▸ 27 A ▸ 23

Schriftlich subtrahieren – abziehen

Schriftlich subtrahieren:
Einer minus Einer
Zehner minus Zehner
Hunderter minus Hunderter

① Rechne wie Lena.

	H	Z	E
a)	8	5	9
–	3	2	3

	H	Z	E
b)	7	8	8
–	5	3	2

	H	Z	E
c)	6	9	7
–	4	5	2

	H	Z	E
d)	7	8	9
–	5	2	3

	H	Z	E
e)	9	8	4
–	6	7	2

245 256 266 312 526 536

Subtrahiere schriftlich. Beginne mit den Einern.

②
367	586	586	727
– 126	– 242	– 354	– 401

232 241 326 344 401

③
578	689	764	476
– 373	– 246	– 431	– 145

205 331 333 419 443

④ Subtrahiere schriftlich.

578 – 123	765 – 153	494 – 184
684 – 221	896 – 274	659 – 553
519 – 406	787 – 263	967 – 427
327 – 106	739 – 518	788 – 256

106 113 211 221 263 310 455 463
524 532 540 612 622

⑤ Häufig lassen sich Aufgaben geschickt verändern und leicht im Kopf lösen.

Beispiel 1
376 – 99 =
376 – 100 + 1 = 275

Beispiel 2
314 – 74 =
314 – 14 – 60 = 240

Beispiel 3
253 – 37 =
256 – 40 =

Finde zu jedem Beispiel eigene Aufgaben.

Erklärung des Verfahrens als Folge vorgeschriebener Schritte, Differenzbildung durch Abziehen;
1–4 Übungsaufgaben; **5** nach Beispielen Aufgaben erzeugen, die sich leicht im Kopf lösen lassen

E ▸ 24 AH ▸ 28 A ▸ 24

Schriftlich subtrahieren mit Überschreitung – abziehen –
Veränderung immer in zwei Spalten notieren.

1 Rechne wie im Beispiel.

	a) H	Z	E	b) H	Z	E	c) H	Z	E
	8	5	3	7	8	2	6	9	2
–	3	2	9	5	3	8	4	5	7

2 Hier brauchst du mehr Zehner.

	a) H	Z	E	b) H	Z	E
	7	4	9	9	1	4
–	4	5	6	6	7	2

3 Subtrahiere schriftlich. Achte auf die Veränderungen.

366	583	584	726
– 127	– 246	– 356	– 408

129 228 239 318 337

4 Einmal verändern reicht nicht.

487	704	402
– 378	– 285	– 209

109 193 363 419

5 Schreibe stellengerecht untereinander und subtrahiere schriftlich. Achte auf die Veränderungen.

a) 573 – 128 765 – 137 464 – 84 572 – 406 757 – 269 961 – 427

b) 684 – 225 891 – 274 619 – 55 321 – 106 732 – 518 780 – 256

166 214 215 380 455 459 488 492 524 534 564 617 628

6 Wähle drei Ziffernkärtchen. Ordne sie zu einer dreistelligen Zahl und notiere sie. Vertausche nun Hunderter- und Einerstelle und notiere auch diese Zahl.

Im Beispiel ist der Unterschied genau 198.
Wie groß ist der Unterschied zwischen den beiden Zahlen bei dir?
Lege und rechne viele Beispiele. Was fällt dir auf?

6	8	4
4	8	6

Klärung der „Borgetechnik" bei Stellenüberschreitung und Vereinbarung zur Notation der Veränderung in zwei Spalten; 1–5 Übungsaufgaben; 6 mit Ziffernkärtchen Aufgaben nach Vorschrift erzeugen, Besonderheiten der Differenzbildung erforschen E ▸ 24 AH ▸ 28 A ▸ 24

Schriftlich subtrahieren üben

1 Subtrahiere stellenweise, beginne bei den Einern.

	H	Z	E
a)	6	7	4
–	2	4	1

	H	Z	E
b)	9	8	5
–	4	6	2

	H	Z	E
c)	8	6	9
–	4	3	7

	H	Z	E
d)	8	5	7
–	6	2	5

	H	Z	E
e)	7	3	8
–	4	1	6

232 322 352 432 433 523

2 Subtrahiere schriftlich.

a) 763 – 417
b) 591 – 437
c) 572 – 326
d) 684 – 425
e) 557 – 361
f) 647 – 452
g) 737 – 543
h) 827 – 543
i) 967 – 575

154 194 195 196 235 236 246 293 346 392

3 Ein oder sogar zwei Überschreitungen

a) 942 – 561
b) 837 – 451
c) 628 – 343
d) 519 – 432
e) 519 – 432
f) 754 – 566
g) 961 – 465
h) 783 – 578
i) 872 – 385
j) 602 – 495

87 107 187 188 205 285 287 381 386 496 497

4 Subtrahiere von 993 erst 29, dann 138, dann 247 …
Wie groß ist der Rest, von dem sich die Folgezahl nicht mehr subtrahieren lässt?

993 –29 → ☐ –138 → ☐ –247 → ☐ – ☐ → …

verfahrensunabhängige Übungsaufgaben zur schriftlichen Subtraktion; 1 ohne Überschreitung; 2 eine Überschreitung; 3 f–j 2 Überschreitungen; 4 Kettenaufgabe mit gleichmäßig anwachsendem Subtrahenden

E ▶ 25 AH ▶ 29 A ▶ 25

1 Subtrahiere schriftlich, beginne bei den Einern.

765 − 524 = 241	P: 241 + 524 = 765	a) 523 − 372	b) 786 − 598
c) 812 − 674	d) 643 − 425	e) 463 − 207	f) 914 − 680
g) 810 − 645	h) 706 − 489	i) 584 267	j) 718 254

138 151 165 188 217 218 234 256 317 432 464

2 Schreibe stellengerecht und rechne.

a) 672 − 526 763 − 427 865 − 619 767 − 471 638 − 472 819 − 683

b) 784 − 338 691 − 355 582 − 246 549 − 283 726 − 380 568 − 372

136 146 166 196 236 266 296 246 326 336 336 336 346 446

3 Besondere Ergebnisse. Was fällt dir auf?

a) 492 − 215 624 − 367 829 − 562 725 − 568 718 − 541 941 − 784

b) 573 − 286 715 − 468 936 − 519 854 − 467 972 − 535 642 − 455

157 157 177 187 257 267 277 287 347 357 387 417 437

4 Rechne im Kopf. Wie geht es weiter? Immer …

991	892	793							

5 Bilde aus dem Würfelergebnis mit drei Würfeln die größtmögliche dreistellige Zahl und notiere sie. Subtrahiere davon eine dreistellige Zahl, die aus denselben Ziffern gebildet ist.

Schreibe und rechne alle Aufgaben, die du mit einem Würfelergebnis bilden kannst.

Berechne die Differenz durch schriftliches Subtrahieren. Bilde für jedes Ergebnis die Summe der Ziffern. Was fällt dir auf? Beschreibe.

verfahrensunabhängige Übungsaufgaben zur schriftlichen Subtraktion; 1–3 Probe durch Rechnung der Umkehraufgabe; 4 Muster verstehen, Zahlenfolge fortsetzen; 5 Aufgaben nach Vorschrift bilden und durch schriftliches Subtrahieren lösen, Auffälligkeiten bei der Quersumme der Differenzen beschreiben E ▸ 25 AH ▸ 29 A ▸ 25

Schriftlich subtrahieren und die Null

1 Rechnen mit der Null – null Problem.

a)	b)	c)	d)	e)
709	820	934	642	510
− 483	− 397	− 680	− 408	− 204

226 234 254 306 417 423

2 Schreibe stellengerecht untereinander und subtrahiere schriftlich.
Richtig gerechnet?

a)	b)	c)
902 − 656	841 − 609	531 − 237
674 − 509	705 − 209	604 − 328
762 − 438	443 − 276	515 − 306
823 − 327	670 − 478	853 − 267

165 167 192 209 215 232 246 276 294 324 496 496 586

3 Achte auf das Muster, versuche es zu beschreiben.

a)	b)	c)	d)	e)
987	876	765	654	543
− 789	− 678	− 567	− 456	− 345

4 Vergleiche mit Aufgabe 3, bevor du rechnest.
Was ist gleich? Was ist anders? Wie geht es weiter?

a)	b)	c)	d)	e)
975	864	753	6	5
− 579	− 468	− 357	− 2	− 1

5 Oft geht es einfacher und schneller im Kopf.
Wie rechnest du?

a)	b)	c)
804 − 506	841 − 451	653 − 193
605 − 490	723 − 587	762 − 574
862 − 565	634 − 384	902 − 487
943 − 387	840 − 698	843 − 608

verfahrensunabhängige Übungsaufgaben zur schriftlichen Subtraktion; 1–2 Subtraktionsaufgaben unter Berücksichtigung der Null; 3 ergebnisgleiche Aufgaben mit Muster, Probe ohne erneuten Aufschrieb

E ▸ 26 AH ▸ 30 A ▸ 26

6 Immer 333. Finde zu jedem Beispiel eigene Aufgaben.

Super einfache Aufgaben

	7 7 7
−	4 4 4
	3 3 3

Einfache Aufgaben

	8 5 3
−	5 2 0
	3 3 3

Aufgaben mit einer Überschreitung

	_ _ _
−	_ _ _
	3 3 3

Aufgaben mit 6 verschiedenen Ziffern ohne Null

	7 6 5
−	4 3 2
	3 3 3

Aufgaben mit zwei Überschreitungen

	_ _ _
−	_ _ _
	3 3 3

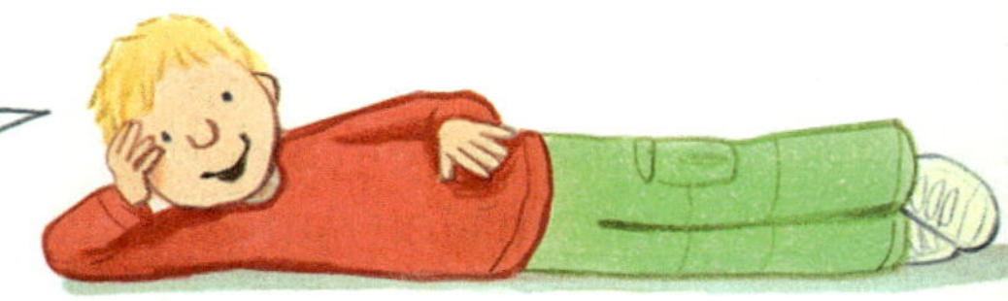

7 Vervollständige die Aufgaben.

	a)	b)	c)	d)	e)
	_ _ _	_ _ _	_ _ _	_ _ _	_ _ _
−	3 9 6	2 5 3	1 4 7	5 3 6	4 6 5
	5 0 4	6 7 1	7 5 8	3 8 7	4 6 5

8 Auch hier hilft Umdenken.

	a)	b)	c)	d)	e)
	8 4 2	9 2 3	6 8 7	6 3 9	7 6 2
−	_ _ _	_ _ _	_ _ _	_ _ _	_ _ _
	6 0 0	7 1 0	4 3 7	3 9 9	4 0 2

9 Trage die fehlenden Zahlen ein. Schreibe in dein Heft.

	a)	b)	c)
	9 6 7	8 1 _	7 2 _
−	_ 2 _	4 _ 6	_ 4 6
	4 _ 8	_ 7 8	2 _ 8

	d)	e)	f)
	_ 2 3	9 _ 8	_ 5 _
−	5 6 _	_ 2 _	2 _ 7
	2 _ 6	_ 9 1	2 _ 4

10

	_ _ _
−	2 _ 7
	3 9 5

6 Aufgaben nach Vorschrift konstruieren; 7 Minuend durch Differenzbildung bestimmen; 8 Subtrahend durch Differenzbildung bestimmen; 9 fehlende Ziffern durch Anwendung des Subtraktionsverfahrens rekonstruieren; 10 wie 9, viele Möglichkeiten finden E ▶ 26 AH ▶ 30 A ▶ 26

Sachrechnen – Im Parkhaus

① Das Parkhaus hat sechs Stockwerke: vier über der Erde und zwei unter der Erde.

So viele Autos passen auf die verschiedenen Stockwerke.

Stockwerk	3	2	1	0	– 1	–2
Anzahl	100	122	125	113	121	124

Stellplätze mit Kennzeichnung		Anzahl
♀	Frauen	36
♿	Behinderte	9
	Familien	4

② Beantworte die Fragen.

a) Auf welchem Stockwerk haben die meisten Autos Platz?

b) Wie viele Autos können unter der Erde parken?

c) Wie viele Autos können insgesamt in den Stockwerken 2 und 3 abgestellt werden?

d) Wie viele Stellplätze sind besonders ausgeschildert?

e) Alle Behindertenparkplätze und die Hälfte der Frauenparkplätze befinden sich im Stockwerk 0. Wie viele Plätze bleiben auf diesem Stockwerk für andere Autos?

③ Berechne die Parkgebühren.

Parkhaus täglich 24 Stunden geöffnet

Parktarif		**Sondertarif**	
Montag–Freitag	7.00–20.00 Uhr	außerhalb dieser Zeiten	
Samstag	7.00–18.00 Uhr	sowie an Sonn- und Feiertagen	
je angefangene Stunde 1.–3. Stunde	1,50 €	je angefangene Stunde	1,00 €
ab 4. Stunde	1,00 €	Tageshöchstbetrag	5,00 €
Tageshöchstbetrag	11,50 €		

a) Am Donnerstag kauft Frau Berger auf dem Wochenmarkt ein. Sie parkt 1 Stunde und 20 Minuten.

b) Am Sonntag kommt Herr Bauer um 14.00 Uhr an und verlässt das Parkhaus um 17.15 Uhr.

c Am Samstag geht Familie Stein ins Kino. Die Vorstellung dauert von 17.00 Uhr bis 19.00 Uhr. Für den Weg zwischen Parkhaus und Kino brauchen sie jeweils ca. 10 Minuten. Sie möchten 15 Minuten vor Beginn am Kino sein.

1 Daten aus Texten und Tabellen entnehmen; 2 Fragen beantworten; 3 Parkgebühren nach Preistafel berechnen

E ▸ 27 AH ▸ 31 A ▸ 27

④ Die Zahl der freien Parkplätze an einem Mittwoch

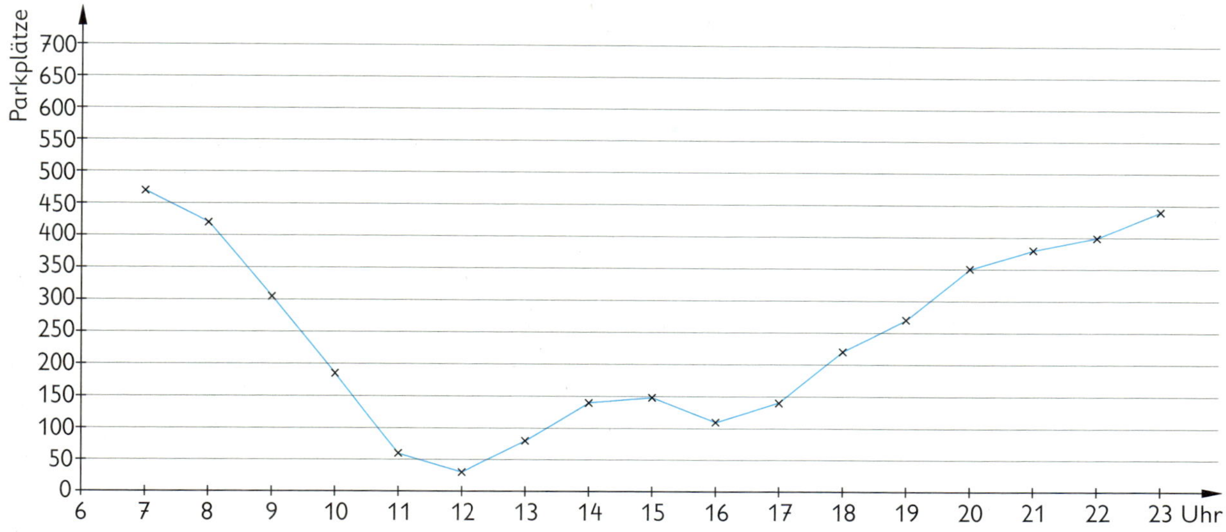

Lies aus dem Schaubild ab:

a) Wie viele Parkplätze sind am Morgen um 9.00 Uhr frei?

b) Wie viele Parkplätze sind um 15.00 Uhr unbesetzt?

c) Zu welcher Zeit sind fast alle Plätze im Parkhaus besetzt? Wie viele Autos sind zu dieser Zeit ungefähr abgestellt?

⑤ Die Zahl der besetzten Parkplätze an einem Sonntag

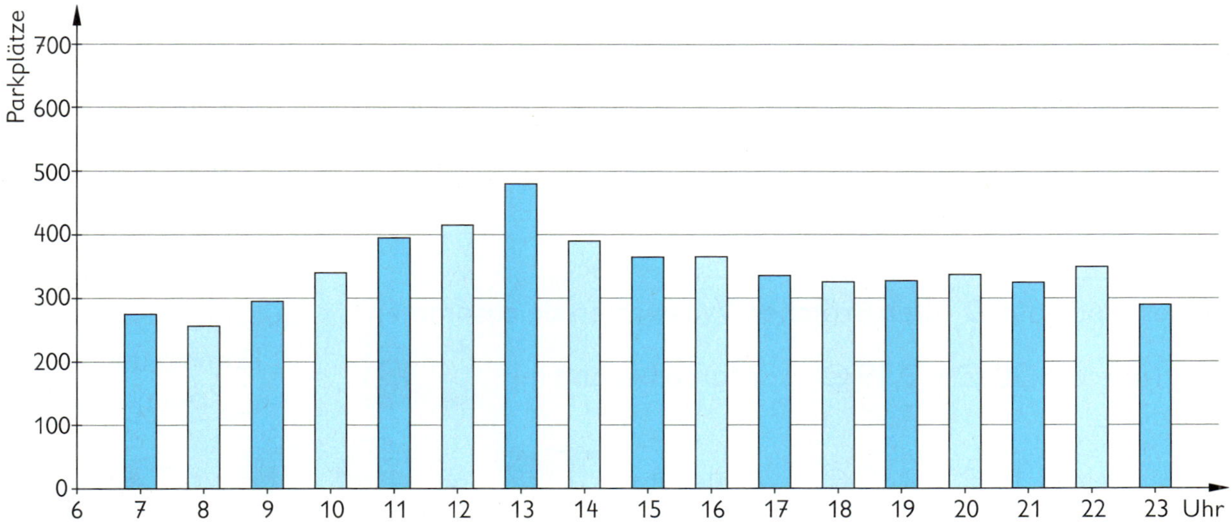

Lies aus dem Schaubild ab:

a) Wie viele Autos haben vermutlich über Nacht geparkt?

b) Um wie viel Uhr sind die Parkplätze etwa zur Hälfte besetzt ?

c) Wie hoch sind die Einnahmen, wenn alle Autos, die um 17.00 Uhr abgestellt sind, nicht länger als 90 Minuten parken?

⑥ Wegen Renovierungsarbeiten ist Stockwerk –2 gesperrt. Nur auf Stockwerk 3 sind noch 42 Parkplätze frei. Alle anderen Parkplätze sind besetzt.

4 Kurvendiagramm lesen, Fragen beantworten; 5 Säulendiagramm lesen, Fragen beantworten; 6 Zahl der besetzten Parkplätze berechnen

E ▸ 27 AH ▸ 31 A ▸ 27

Rechnen mit Kommazahlen

① Ein vielfältiges Angebot

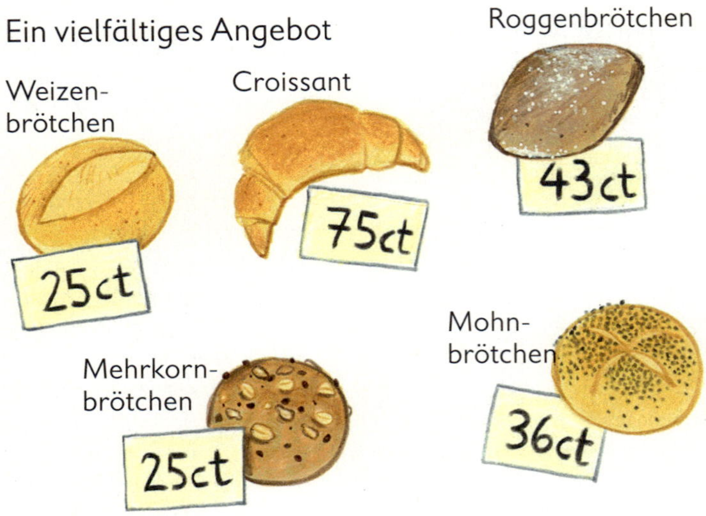

Jan kauft 1 Croissant, 1 Weizenbrötchen und
2 Roggenbrötchen. Maria kauft 2 Croissants und 1 Mohnbrötchen.

② Wandle um.

S. 56, Nr. 2 a) 4 3 5 ct = 4 € 3 5 ct

b) 4 € 4 3 ct = 4 4 3 ct

a) 435 ct	998 ct	550 ct	707 ct
328 ct	405 ct	245 ct	770 ct

b) 4 € 43 ct	9 € 99 ct	7 € 13 ct
2 € 8 ct	5 € 9 ct	3 € 90 ct

③ Zwei Schreibweisen

S. 56, Nr. 3 a) 3 € 5 0 ct = 3, 5 0 €

b) 2, 7 5 € = 2 € 7 5 ct

a) 3 € 50 ct	9 € 20 ct	3 € 8 ct
b) 2,75 €	2,75 €	0,55 €

④ Jedes Kind kauft 2 Tüten Brötchen. Was kosten sie zusammen?

a) Marco 5,20 € + 3,19 € Marco bezahlt mit .

b) Nele 3,14 € + 3,97 € Nele gibt  und  .

c) Vedat 4,62 € + 4,83 € Vedat gibt  und .

d) Lea 8,82 € + 9,65 € Lea bezahlt mit .

⑤ Mio kauft Brötchen für einen Betrag zwischen 5 € und 6 €.
Stelle abwechslungsreiche Brötchentüten zusammen.

1 ausrechnen, was die Kinder bezahlen müssen; 2–3 zwischen verschiedenen Darstellungsweisen für Geldbeträge wechseln; 4 Zahlbetrag und Rückgeld berechnen, stellengerecht notieren und schriftlich addieren

E ▸ 28 AH ▸ 32 A ▸ 28

⑥ Verschiedene Schreibweisen

S. 57, Nr. 6
a) 472 cm = 4 m 72 cm = 4,72 m

S. 57, Nr. 6
e) 423 mm = 42,3 cm

a)	b)	c)	d)	e)
472 cm	3 m 26 cm	2,43 m	117 cm	423 mm
506 cm	7 m 8 cm	4,03 m	74 cm	907 mm
980 cm	4 m 39 cm	0,87 m	100 cm	58 mm
63 cm	8 m 4 cm	0,05 m	5 cm	201 mm

⑦ Wandle um.

a) in cm	b) in cm	c) in m	d) in mm
5,85 m	120 mm	336 cm	13 cm
7,02 m	43 mm	174 cm	85,2 cm
0,99 m	12 mm	25 cm	0,5 cm
1,78 m	1000 mm	7 cm	1 m

⑧ Mit Kommazahlen schriftlich addieren und subtrahieren.

a)	b)
6,20 m + 3,70 m	26,75 m + 42,16 m
2,50 m + 3,50 m	39,54 m + 21,46 m
4,95 m + 6,80 m	73,08 m + 18,97 m
5,07 m + 4,34 m	52,67 m + 34,08 m

c)	d)
9,78 m − 6,51 m	2,54 m − 1,38 m
25,12 m − 12,25 m	10,80 m − 8,10 m
68,04 m − 36,09 m	4,05 m − 3,26 m
100 m − 87,65 m	55,55 m − 11,11 m

⑨ Wandle um und rechne schriftlich.

Man kann nur Längen gleicher Einheit addieren und subtrahieren.

a) 35,81 m + 133 cm
b) 320 cm + 0,62 cm
c) 9,07 m + 585 cm
d) 17,12 m + 56 cm
e) 72,89 m − 126 cm
f) 460 cm − 2,32 m
g) 29,04 m − 285 cm
h) 64 m − 120 cm

⑩ Zusammen 333 m
Addiere jeweils drei Teilstrecken, deren Länge als Kommazahl notiert ist.
Finde viele Aufgaben.

6–7 zwischen verschiedenen Darstellungsweisen für Längenmaße wechseln;
8 Längenmaße in Kommaschreibweise schriftlich addieren und subtrahieren
E ▸ 28 AH ▸ 32 A ▸ 28

Was wir wissen und können

Schnell und sicher rechnen gehört immer dazu.

1 Das 1 + 1 zum Addieren und Subtrahieren im Zahlenraum bis 1000

7 + 6 = 7 + 3 + 3	26 + 17 = 26 + 20 − 3	93 − 67 = 93 − 70 + 3
107 + 6	226 + 117	493 − 167
227 + 16	526 + 317	593 − 367
437 + 216	717 + 226	883 − 257

2 Das 1 · 1 für Multiplikation und Division – Umkehroperationen

a) Rechne schnell wie der Blitz.

6 · 7	3 · 9	36 : 4	72 : 8
5 · 9	4 · 7	48 : 8	49 : 7
8 · 3	5 · 6	30 : 5	36 : 4
6 · 4	4 · 8	63 : 7	54 : 9

Richtig gerechnet?
– Tauschaufgaben rechnen
– Umkehraufgaben rechnen

b) Zahlen – Aufgaben
Manchmal gibt es mehrere Möglichkeiten.
Rechne die Beispiele im Heft. Finde eigene Aufgaben.

6 · 8 = ___
9 · 5 = ___

27 : 3 = ___
32 : 4 = ___

8 = __ : __
6 = __ : __

24 = __ · __
36 = __ · __

5 · 12 = 5 · 2 · 6
5 · 14 = 5 · __ · __

8 · 15 = 8 · 5 · 3
6 · 15 = 6 · __ · __

16 · 15 = 8 · 2 · 5 · 3
= 40 · 6

Gelerntes hilft auch bei „neuen“ Aufgaben.

3 **a)** Erinnere dich an:

2 + 5
12 + 5
112 + 5

25 + 37
225 + 437

357 + 398
628 − 498
435 + 267
724 − 229

b) Wie geht es weiter?

124 + 56
124 + 67
124 + 78
124 + ___

c) Beim schriftlichen Rechnen wird mit einstelligen Zahlen gerechnet.

3 4 2	5 6 4	8 7 4	7 8 3	9 1 4
+ 5 3 7	+ 3 3 7	− 6 5 2	− 5 3 6	− 5 4 7

1 Sicherheit beim Addieren und Subtrahieren nachweisen; **2** Sicherheit beim Multiplizieren und Dividieren nachweisen; **2 b** Zahlen durch Aufgaben ersetzen und umgekehrt; **3** auf Muster und Strukturen achten, Gelerntes anwenden E ▸ 29 AH ▸ 33 A ▸ 29

Erst probieren und Erfahrungen sammeln, dann planvoll vorgehen.

4 Zahlenketten schreiben.

Zahlenketten entstehen nach dieser Regel:
- Zwei beliebige Startzahlen wählen und in die Felder 1 und 2 eintragen.
- In Feld 3 die Summe der beiden Startzahlen schreiben.
- In Feld 4 die Summe der beiden vorangehenden Zahlen schreiben.
- In Feld 5 die Summe der Zahlen aus den Feldern 3 und 4 als Zielzahl eintragen.

Feld 1	Feld 2	Feld 3	Feld 4	Feld 5
3	2	5	7	12
1. Startzahl	2. Startzahl			

Schreibe eigene Beispiele.

5 Zahlenkette: Zielzahl 60

Wähle die beiden Startzahlen so, dass die Zielzahl 60 erreicht wird.

				60

3	5	8	13	21
3	15			

Eine Zeichnung als Werkzeug nutzen.

6 Maria, Jan und Lena teilen sich zwei große runde Pizzen.
Wie viel bekommt jedes Kind?

Stimmt es, was Lena denkt? Begründe.

① Längenmaße und Rechnen mit Längen

a) 10 m | 1 m | 2 m | 1 km

Notiere Beispiele:
So lang wie …
So breit wie …
So hoch wie…
So weit wie …

b) Schreibe als m/cm.

124 cm
500 cm
903 cm
1000 cm

c) Wie viele km/m?

4,2 km
15,6 km
2000 m
1,9 km

d) Schreibe als Kommazahl.

7 km 600 m
14 km 500 m
23 km 700 m
25 km 70 m

e) Addiere:

2,20 m + 70 cm
3 m 50 cm + 1,2 m
5,6 km + 300 m
8 km 600 m + 1,4 km

f) Zusammen 20 km

12 km 400 m + ____
8 km 850 m + ____
5000 m + ____
930 m + ____

g) Ordne. Beginne mit der kürzesten Strecke.

2,5 cm | 45 cm | 40 mm | 0,75 m | $\frac{1}{2}$ m

② Mit großen Zahlen rechnen.

352 + 43	457 + 126	627 + 199	213 + 479 + 187
437 + 63	285 + 409	538 + 398	337 + 342 + 158
546 + 47	659 + 325	453 + 297	328 + 198 + 172
628 + 74	583 + 348	364 + 499	486 + 299 + 214

476 – 62	389 – 227	613 – 198	943 – 351 – 243
563 – 27	462 – 146	761 – 399	812 – 273 – 327
654 – 82	546 – 384	506 – 299	763 – 263 – 497
731 – 76	804 – 459	824 – 597	900 – 564 – 136

1 Kenntnisse und Fertigkeiten beim Rechnen mit Längen nachweisen;
2 Sicherheit beim Rechnen mit großen Zahlen nachweisen

E ▸ 30 A ▸ 30

③ Schriftlich rechnen

a)	325 + 163 = ___	437 + 356 = ___	375 + 254 = ___	673 + 228 = ___
b)	647 + ___ = 874	___ + 348 = 725	3_5 + 45_ = _92	56_ + _34 = 8_1
c)	786 − 465 = ___	593 − 276 = ___	375 − 254 = ___	673 − 228 = ___
d)	496 − ___ = 143	___ − 287 = 513	8_7 − 24_ = _75	_52 − 5_3 = 40_

④ Sachrechnen

a) Frau Berger parkt am Donnerstag von 9.15 Uhr bis 11.20 Uhr. Wie viel muss sie bezahlen?

ⓑ Frau Sander parkt ihr Auto am Samstag um 19.15 Uhr. Sie zahlt 3 € Parkgebühr. Wann hat sie das Parkhaus spätestens verlassen?

Parktarif

Montag–Freitag	7.00–20.00 Uhr
Samstag	7.00–18.00 Uhr
je angefangene Stunde 1.–3. Stunde	1,50 €

Sondertarif

außerhalb dieser Zeiten
sowie an Sonn- und Feiertagen

je angefangene Stunde	1,00 €

⑤ Mit Kommazahlen rechnen.

a) Schreibe als Kommazahl.

4 € 26 ct	630 ct
7 € 16 ct	145 ct
9 € 6 ct	305 ct
5 € 70 ct	89 ct

b) Nele zahlt in der Bäckerei 4,62 €.
Butter, Marmelade und 1 kg Äpfel kosten zusammen 4,49 €.
Reicht ihr Geld?
Notiere einen Überschlag.
Berechne schriftlich, wie viel sie insgesamt ausgibt.

3 schriftliche Rechenverfahren einsichtig anwenden können; 4 a Parkkosten unter Nutzung der Tarifvorgaben bestimmen; 4 b aus der gezahlten Gebühr m. H. der Tarifvorgaben auf die Parkdauer schließen

E ▸ 30 A ▸ 30

Zeit, Zeitspannen – Minuten, Sekunden

Stundenzeiger
von der 3 zur 4
1 Stunde (1 h)

Minutenzeiger
von der 11 zur 12
5 Minuten (5 min)

Sekundenzeiger
von der 12 zur 3
15 Sekunden (15 s)

1 Stunde = 60 Minuten
1 h = 60 min

1 Minute = 60 Sekunden
1 min = 60 s

Zeitspannen werden in Stunden, Minuten, Sekunden gemessen.

① Alles braucht Zeit.

Frühstück	12 min
Schulweg	15 min
Unterrichtsstunde	45 min
große Pause	30 min
50-m-Lauf	9 s
Hände waschen	45 s
Seifenblase, bis sie platzt	3 s
…	
…	

a) Frühstück

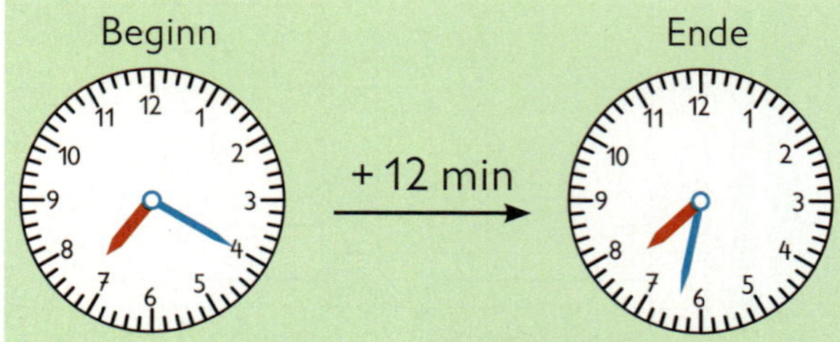

Das Frühstück dauert 12 Minuten.

b) große Pause

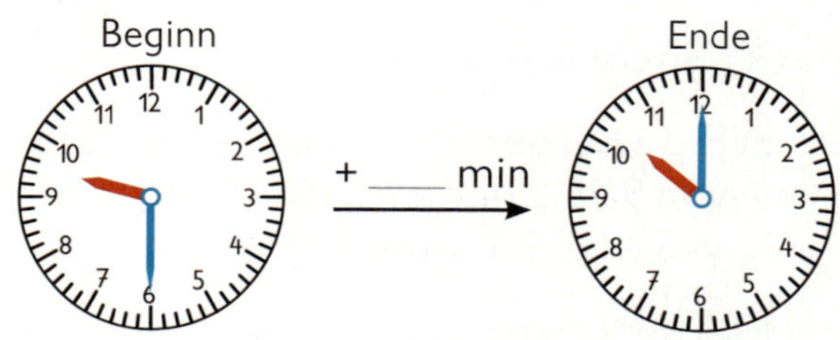

Die große Pause dauert ___ Minuten.

c) 50-m-Lauf

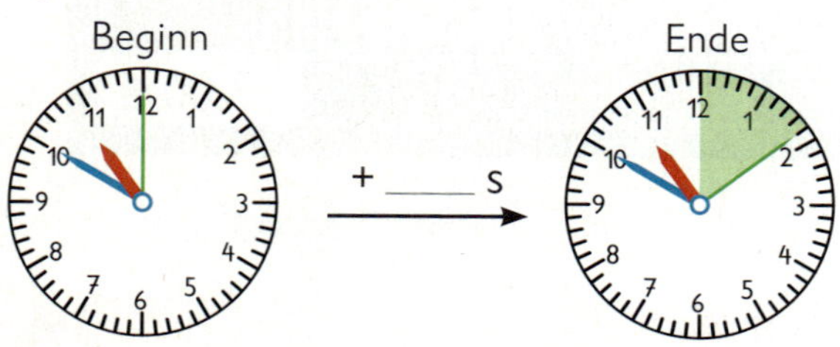

Der 50-m-Lauf dauert ___ Sekunden.

d) Hände waschen

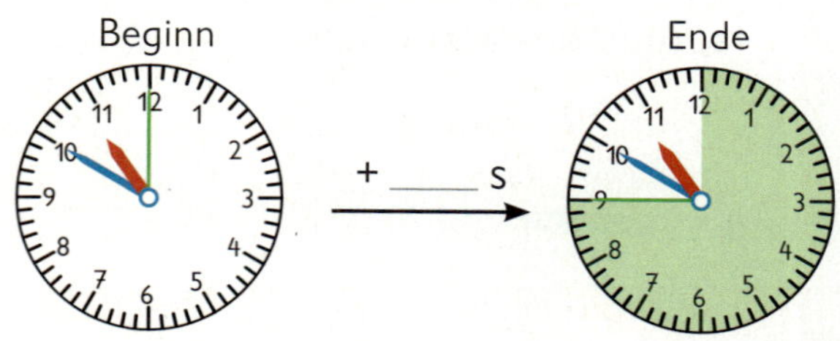

Hände waschen dauert ___ Sekunden.

② **a)** Wie viele Sekunden?

2 Minuten
5 Minuten
7 Minuten
$\frac{1}{2}$ Minuten
$\frac{1}{4}$ Minuten
$2\frac{3}{4}$ Minuten

b) Wie viele Minuten?

180 Sekunden
360 Sekunden
600 Sekunden
30 Sekunden
150 Sekunden
135 Sekunden

Veränderungen von Zeigerstellungen als Zeitspannen verstehen können; 1 Zeitspanne zwischen zwei Darstellungen in Minuten, Sekunden ermitteln; 2 Umwandlungen Minuten in Sekunden und umgekehrt

E ▸ 31 AH ▸ 34 A ▸ 31

③ Finde am Fahrplan heraus:
- Für welche Städteverbindung gilt dieser Fahrplan?
- Wie viele Verbindungen von Düsseldorf Hbf nach Frankfurt gibt es zwischen 8.00 Uhr und 10.00 Uhr?
- Wann treffen Reisende in Frankfurt Hbf. ein, die um 9.22 Uhr in Düsseldorf abfahren?
- Wann müssen Reisende in Düsseldorf Hbf abfahren, wenn sie um 8.41 Uhr in Frankfurt Hbf ankommen wollen?
- Wie lange dauert die Zugfahrt für Reisende, die um 8.22 Uhr in Düsseldorf abfahren?

DB BAHN

Düsseldorf Hbf
→ **Frankfurt (Main) Hbf**

Ab	Zug	Umsteigen	An	Ab	Zug	An	Verkehrstage	
3:02	IC 2021	Köln Hbf	3:36	4:20	ICE 521	**5:46**	täglich	01
3:02	IC 2021					**7:02**	täglich	01
4:53	ICE 523					**6:48**	Mo - Sa	02
5:23	ICE 23	Köln Hbf F-Flugh Fernbf F-Flugh Regiobf	5:46 6:51	5:54 7:09	ICE 511 S 8	 **7:21**	Mo - Fr	03
5:23	ICE 23					**8:13**	täglich	
6:06	ICE 1825					**7:48**	Sa, So	04
6:22	ICE 525					**7:48**	Mo - Fr	03
6:27	IC 2319	Köln Hbf F-Flugh Fernbf	6:49 7:51	6:54 8:01	ICE 501 ICE 23	 **8:13**	Mo - Sa	02
6:50	EC 115	Mainz Hbf	9:11	9:32	S 8	**10:13**		05
6:54	ICE 813					**8:41**	Mo - Fr	03
7:22	ICE 527					**8:48**	Mo - Sa	
7:27	ICE 513	F-Flugh Fernbf	8:51	9:01	ICE 1597	**9:13**	Mo - Fr, So	06
7:27	ICE 513	F-Flugh Fernbf F-Flugh Regiobf	8:51	 9:17	 S 9	 **9:29**	So	07
7:27	ICE 513	Köln Hbf	7:49	7:53	ICE 25	**10:13**	täglich	
7:48	ICE 815					**9:41**	Mo - Sa	02
8:22	ICE 529					**9:48**	täglich	
8:27	EC 7	Mainz Hbf	10:36	11:02	S 8	**11:43**		08
8:27	EC 7	Mainz Hbf	10:37	11:02	S 8	**11:43**		09
8:52	IC 119	Köln Hbf	9:15	9:20	ICE 11	**10:30**	täglich	
9:13	ICE 621					**10:48**	täglich	
9:22	ICE 121 ◆					**11:02**	Mo - Sa	
9:27	ICE 27	Köln Hbf F-Flugh Fernbf	9:49 10:51	9:54 11:02	ICE 515 ICE 1559	 **11:14**	täglich	10
9:27	ICE 27					**12:13**	täglich	

④ Wie lange dauert die Zugfahrt für Reisende, die um
a) 9.13 Uhr
b) 9.27 Uhr
c) 7.27 Uhr in Düsseldorf abfahren?

⑤ Wie lange dauert die Zugfahrt für Reisende, die um
a) 8.41 Uhr
b) 10.30 Uhr
c) 11.02 Uhr in Frankfurt ankommen?

⑥ Auf der Fahrt von Münster nach Heidelberg müssen Lea und Tom in Köln und Mannheim umsteigen. Wie viel Zeit brauchen sie beim Umsteigen? Wie lange dauert die Fahrt? Die beiden fahren um 10.03 Uhr in Münster ab und kommen um 13.44 Uhr an.

Fahrzeiten: Münster ⟶ Köln $1\frac{3}{4}$ Std.
Köln ⟶ Mannheim $1\frac{1}{2}$ Std.
Mannheim ⟶ Heidelberg 15 Minuten

⑦ Wie lange dauert es von … nach …? Berechne die Fahrzeiten.

Köln–Bonn	Köln–Berlin	Köln–Münster
16.53–17.12 Uhr	9.49–14.10 Uhr	7.10–8.45 Uhr

3 Fahrplan lesen, Fragen beantworten, Zeitspanne m. H. einer Zeitleiste bestimmen; 4–5 Zeitspannen für bestimmte Verbindungen nach dem Fahrplan ermitteln; 6 Fahrzeiten und Umsteigezeiten berechnen
E ▸ 31 AH ▸ 34 A ▸ 31

Symmetrische Figuren falten

① Erkläre, was Super M macht.

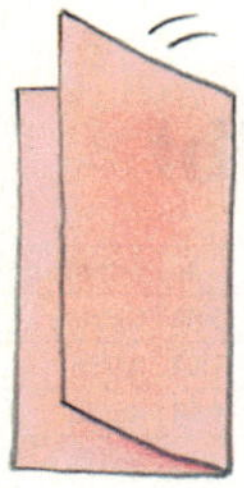

falten

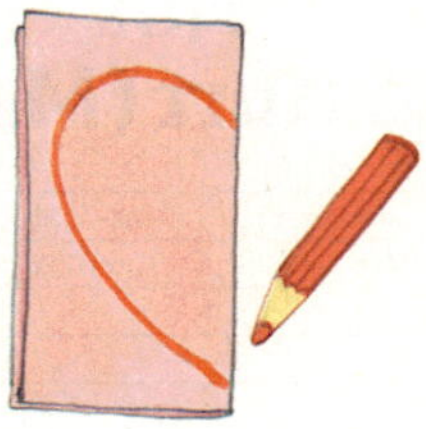

zeichnen

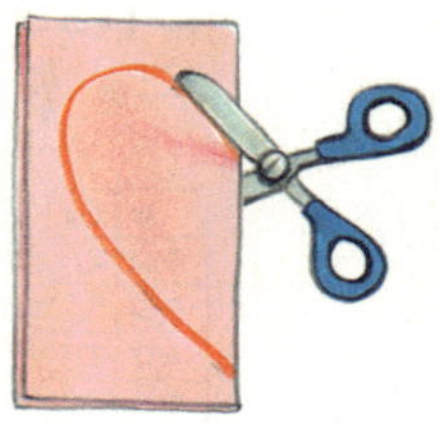

schneiden

mit dem Spiegel die ganze Figur sehen

Faltachse/ Spiegelachse rot einzeichnen

② Stelle Figuren durch Faltschnitt her.
Klebe sie in dein Heft wie im Beispiel.
Zeichne die Faltachse mit dem Rotstift ein.

Figuren sind symmetrisch, wenn sie mindestens eine Symmetrieachse besitzen.

③ Falte einen quadratischen Notizzettel zweimal in Folge zum Buch.
Schneide von dem entstandenen Quadrat eine Ecke ab und falte das Papier wieder auf.

Welches Bild ist möglich?
Gibt es eine Lösung oder verschiedene Möglichkeiten?

Notiere deine Entscheidung im Heft.
Versuche eine Begründung.

a)

b)

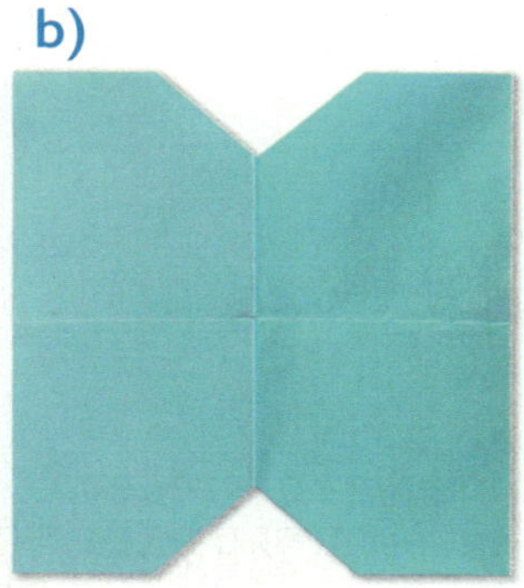

c)

d)

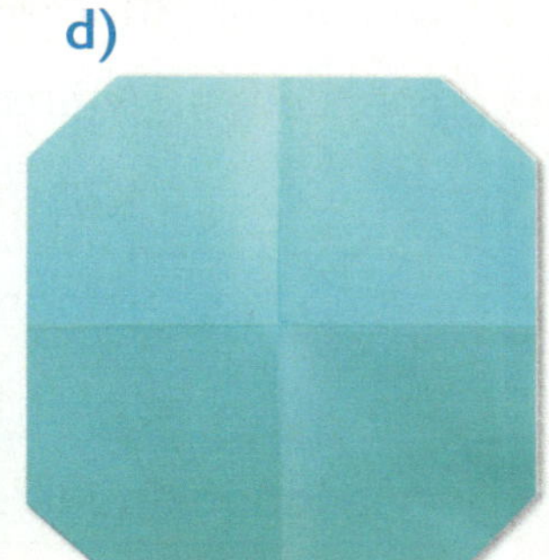

e) Alle Bilder sind als Ergebnis möglich.

1 Entstehung eines Faltschnitts erklären, symmetrische Ergänzung mit dem Spiegel sichtbar machen; 2 Faltschnitte herstellen; 3 nach Vorschrift falten und schneiden, Möglichkeiten erproben, Vorgaben werten

E ▶ 32 AH ▶ 35 A ▶ 32

④ Welche der Figuren sind achsensymmetrisch?
Überlege, wo eine Symmetrieachse liegen könnte. Beschreibe, was die Symmetrie stört.

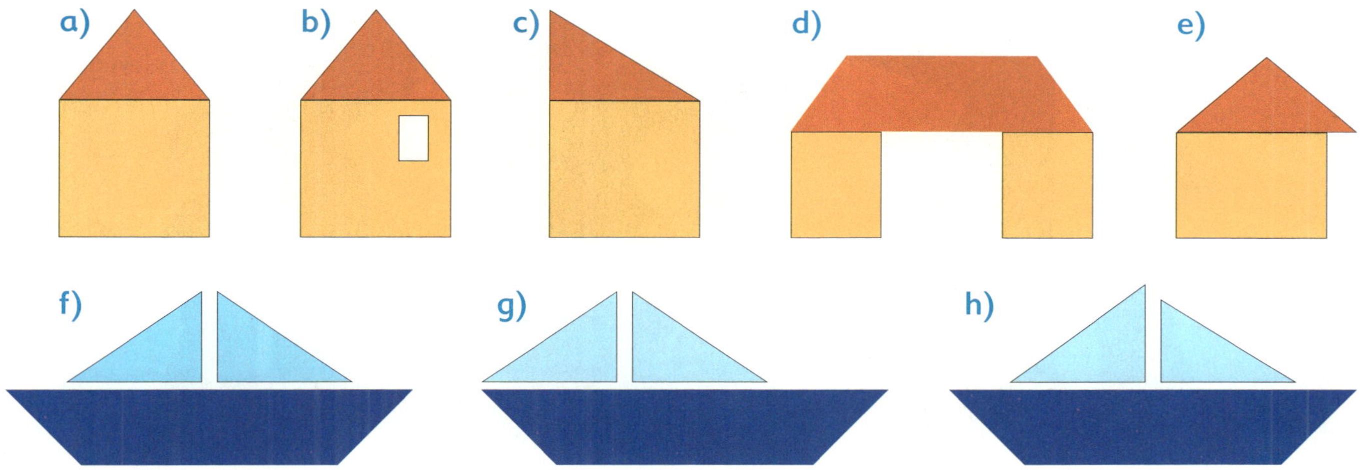

⑤ Welche geometrischen Grundformen sind achsensymmetrisch?

a) Übertrage die geometrischen Grundformen in dein Heft.
Wie viele Symmetrieachsen haben die verschiedenen Formen?
Zeichne sie mit Rotstift ein. Schreibe zu jeder Form einen Steckbrief wie im Beispiel.

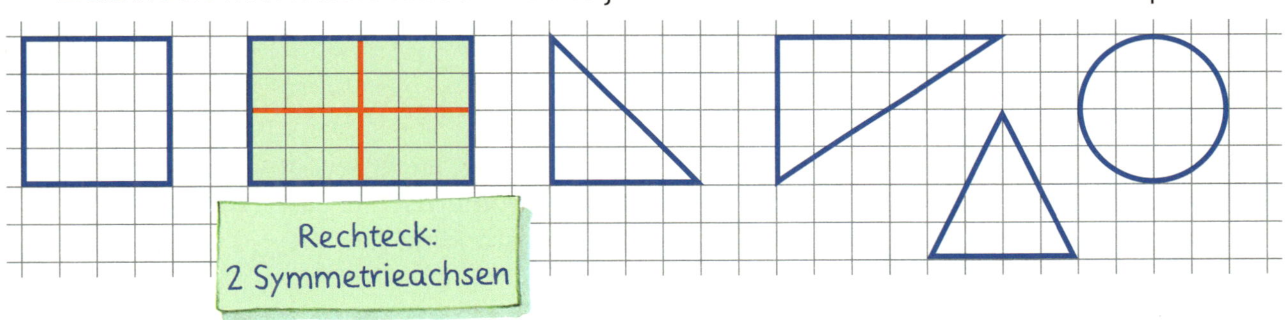

b) Richtig oder falsch? Schreibe nur die Sätze ins Heft, die richtig sind.
- Ein Rechteck besitzt mindestens 2 Symmetrieachsen.
- Jedes Dreieck besitzt mindestens eine Symmetrieachse.
- Ein Quadrat besitzt mehr Symmetrieachsen als ein Kreis.
- Nicht jedes Dreieck besitzt eine Symmetrieachse.

⑥ Bei Flugzeugen ist Symmetrie besonders wichtig.
So entsteht aus einem quadratischen Notizzettel ein Minipapierflieger.

ein Buch falten

einen Flügel falten

den anderen symmetrisch falten

Rumpf falten

4 Figuren auf Achsensymmetrie prüfen; 5 geometrische Grundformen auf Achsensymmetrie prüfen, Wahrheitsgehalt der Aussagen prüfen; 6 Papierflugzeug falten

E ▶ 32 AH ▶ 35 A ▶ 32

Figuren auf Karopapier spiegeln

① Symmetrisch oder nicht symmetrisch?

Sind die Teilfiguren rechts und links der Achse Spiegelbild füreinander?

a) Übertrage die Figur in dein Heft.

b) Prüfe durch Zählen am Karoraster, ob entsprechende Punkte symmetrisch zur Achse liegen.

c) Wie kann die Figur verändert werden, damit der Drachen symmetrisch wird?

② Auf Karoraster können Muster und Figuren leicht symmetrisch ergänzt werden. Übertrage die Zeichnungen in dein Heft und vervollständige sie. Benutze zum Verbinden der Punkte bei b) ein Lineal.

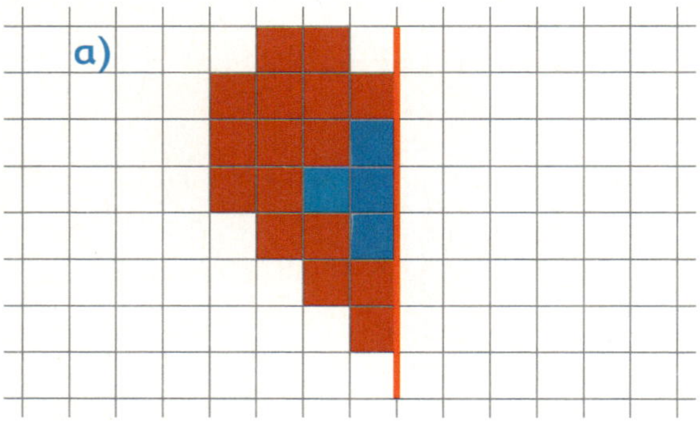

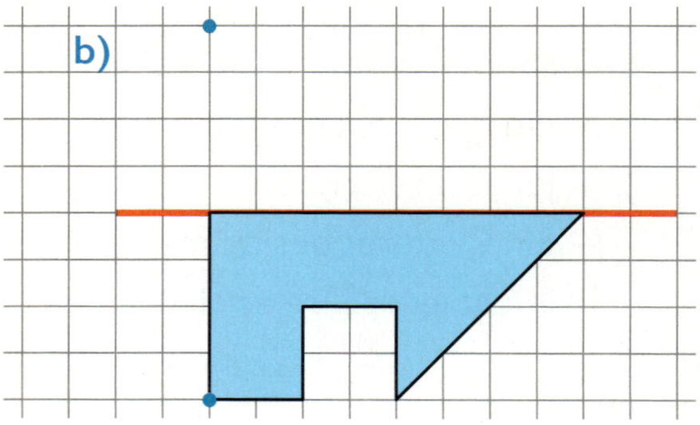

③ Auf Karoraster können Figuren leicht gespiegelt werden. Übertrage die Zeichnung in dein Heft und „baue" die zweite Doppelhaushälfte.

1–3 Karoraster als Werkzeug (zur Prüfung und zur Konstruktion von Mustern und Figuren) nutzen

E ▸ 33 AH ▸ 36 A ▸ 33

Übungen mit dem Geobrett

Auf dem Geobrett lassen sich Formen mit Gummibändern rasch darstellen und verändern. Du kannst sie leicht auf Punkteraster zeichnen.

(1) Spanne auf dem Geobrett/Zeichne auf Punkteraster:

a) Dreiecke verschiedener Form und Größe   b) Quadrate verschiedener Größe

c) Vierecke verschiedener Form, die keine Rechtecke sind

(2) Vergleiche mit deinen Formen aus Aufgabe 1.
Ergänze aus den Bildern Figuren, die bei dir noch nicht vorkommen.

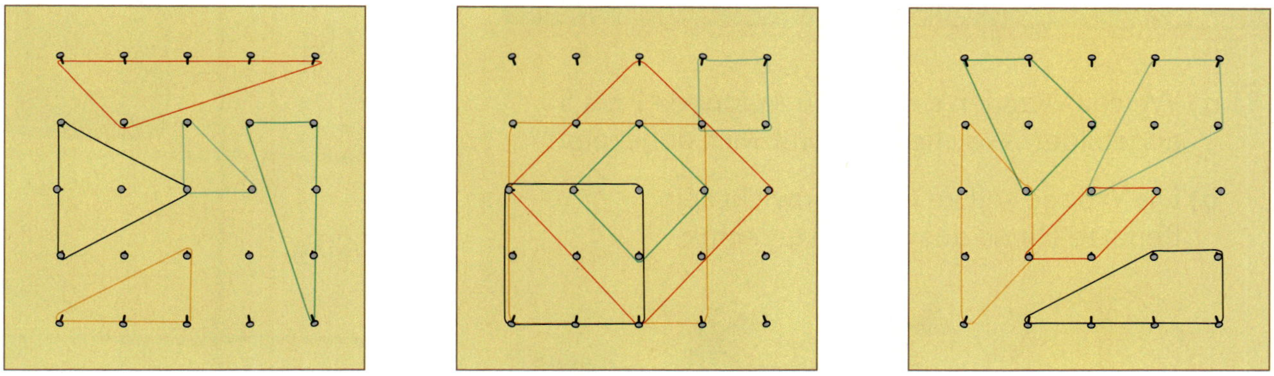

(3) Spiegeln auf dem Geobrett/auf dem Punkteraster. Das rote Gummiband/Die rote Linie markiert die Symmetrieachse. Richtig oder falsch? Begründe deine Entscheidung.

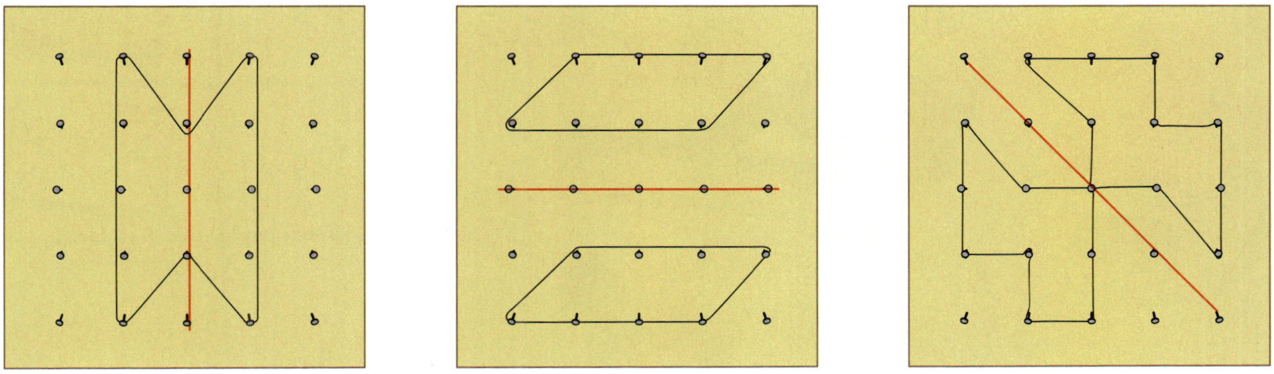

(4) Übertrage die Abbildungen auf Geobrett oder Punkteraster. Erzeuge die Spiegelbilder.

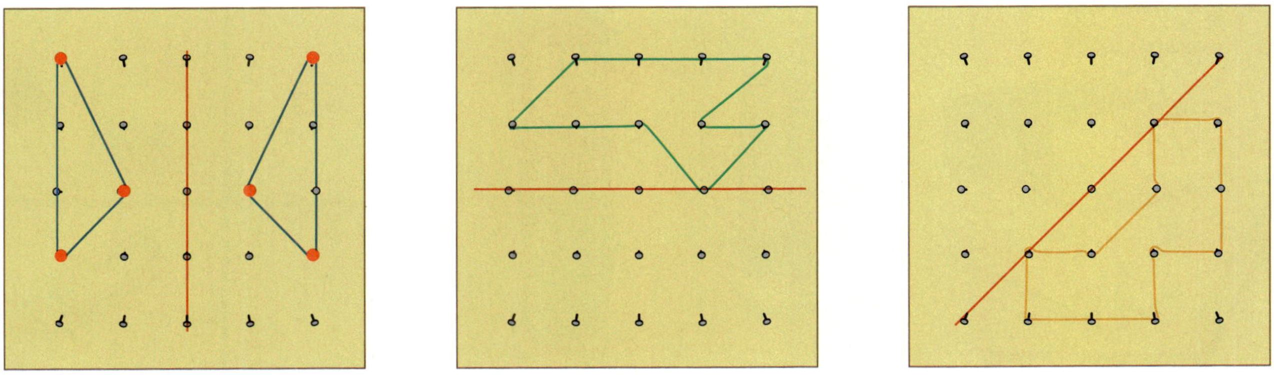

1 Formen auf dem Geobrett erzeugen; 2 Figuren mit eigenen Figuren vergleichen, Ergänzungen zeichnen; 3 Abbildungen auf Achsensymmetrie prüfen; 4 auf dem Geobrett Spiegelbilder erzeugen
E ▸ 33 AH ▸ 36 A ▸ 33

Gewicht – kg, g

Gewichte messen wir in Kilogramm (kg) und Gramm (g).

Messgeräte für Gewichte sind Waagen.

Balkenwaage | Personenwaage | Haushaltswaage | Tafelwaage

1 Kilogramm = 1000 Gramm

1 kg = 1000 g

$\frac{1}{2}$ kg = 500 g

$\frac{1}{4}$ kg = 250 g

① a) Welche Waagen sind in den Aufgaben 2 bis 5 abgebildet? Welches Gewicht wird angezeigt?

b) Die Waage soll im Gleichgewicht sein. Benutze Dinge aus der Leiste rechts.

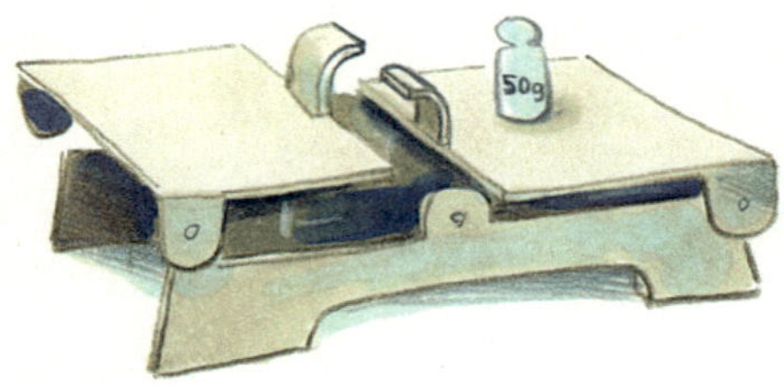

②

③

④

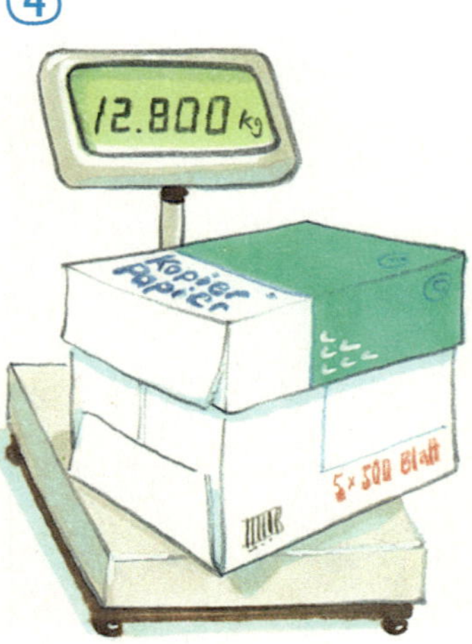

⑤

1 kg	
500 g	
250 g	
100 g	
10 g	
5 g	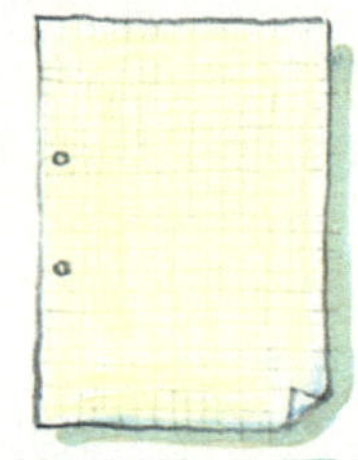
2 g	
1 g	

verschiedene Waagen kennen lernen, insbesondere Funktion von Tafel-/Balkenwaage, Referenzgrößen aufnehmen und verankern, 1–5 Gewichte bestimmen

E ▸ 34 AH ▸ 37 A ▸ 34

⑥

1 l Flüssigkeit wiegt ca. 1 kg

Ein Glas Marmelade hat 450 g Füllgewicht.

Die Verpackungen für diesen Einkauf wiegen zusammen 850 g.

Diese 4 Bananen wiegen zusammen 600 g.

a) Was wiegt wie viel? Schreibe als Tabelle ins Heft.

b) Wie schwer ist der gesamte Einkauf?

	Füllgewicht	
	kg	g
1 Packung Zucker	1	

⑦ a) Wie viel wiegt eine Banane?

b) Was ist schwerer? Eine Banane oder eine Birne?

c) Wie viele Birnen ungefähr?

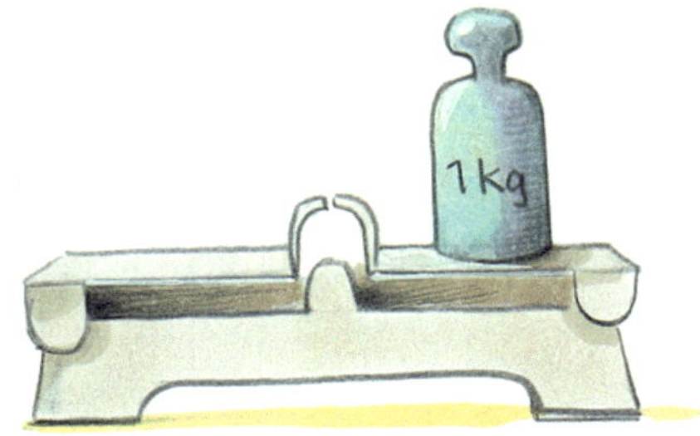

d) Wie viel wiegt diese Melone?

e) Vergleiche das Gewicht von Äpfeln und Bananen.

f) Wie schwer ist die Ananas?

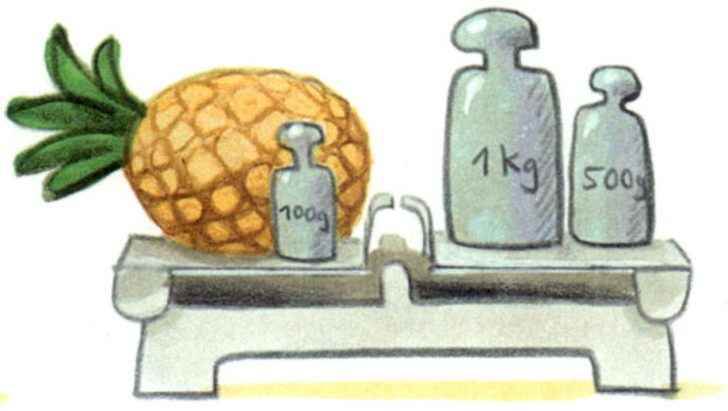

6 Gewichte bestimmen und tabellarisch notieren;
7 Gewichte berechnen, Gewichte vergleichen

E ▸ 34 AH ▸ 37 A ▸ 34

Gewicht – kg, g

Einen Gewichtsstein hinzufügen oder wegnehmen.

① An der Waage
Stelle das Gleichgewicht her. Schreibe als Plus- oder Minusaufgabe.

a)

S. 70, Nr. 1 a)
200 g + 50 g = 250 g

b)

c)

d)

e)

f)

g)

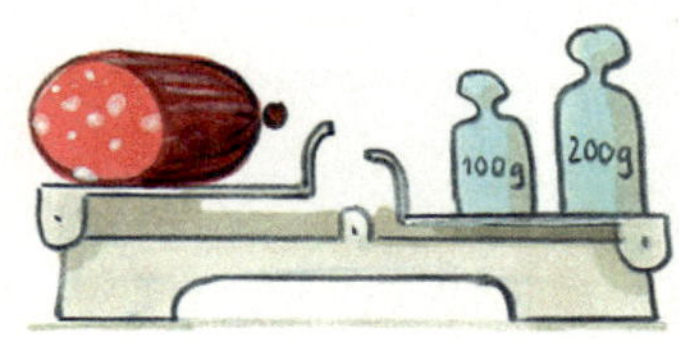

② Gleiche aus.

500 g + 500 g = 1000 g 600 g + 400 g = 1 kg 1 kg = 700 g + 300 g

a) 200 g + ___ g = 1000 g
400 g + ___ g = 1000 g
300 g + ___ g = 1000 g

b) 850 g + ___ g = 1 kg
450 g + ___ g = 1 kg
720 g + ___ g = 1 kg

c) 1 kg = ___ g + 230 g
1 kg = ___ g + 480 g
1 kg = ___ g + 880 g

③ < oder = oder >? Stelle dir die Waage vor.

a) 500 g ○ $\frac{1}{2}$ kg
150 g ○ $\frac{1}{2}$ kg
660 g ○ $\frac{1}{2}$ kg
930 g ○ $\frac{1}{2}$ kg

b) 500 g ○ 1 kg
350 g ○ 1 kg
750 g ○ 1 kg
950 g ○ 1 kg

c) $\frac{1}{2}$ kg ○ 635 g
$\frac{1}{2}$ kg ○ 725 g
$\frac{1}{2}$ kg ○ 198 g
$\frac{1}{2}$ kg ○ 412 g

d) 1 kg ○ 430 g
1 kg ○ 780 g
1 kg ○ 965 g
1 kg ○ 1500 g

④ Ergänze.

a) 375 g + ___ g = $\frac{1}{2}$ kg
480 g + ___ g = $\frac{1}{2}$ kg
246 g + ___ g = $\frac{1}{2}$ kg
304 g + ___ g = $\frac{1}{2}$ kg

b) 15 g + ___ g = 100 g
26 g + ___ g = 100 g
48 g + ___ g = 100 g
34 g + ___ g = 100 g

c) 150 g + ___ g = 1 kg
260 g + ___ g = 1 kg
480 g + ___ g = 1 kg
340 g + ___ g = 1 kg

Gewichtsangaben werden oft als Kommazahlen geschrieben.
Die Tabelle hilft beim Umwandeln.

1 kg	100 g	10 g	1 g
1	0	0	0
	5	0	0
	1	0	0
		1	0

1000 g = 1,000 kg
500 g = 0,500 kg
100 g = 0,100 kg
10 g = 0,010 kg

5 Wie viel kg? Schreibe als Kommazahl.

a) 200 g = ____ kg
300 g = ____ kg
400 g = ____ kg
600 g = ____ kg
800 g = ____ kg

b) 360 g = ____ kg
450 g = ____ kg
540 g = ____ kg
630 g = ____ kg
720 g = ____ kg

c) 50 g = ____ kg
550 g = ____ kg
250 g = ____ kg
150 g = ____ kg
5 g = ____ kg

6 Wie viel Gramm?

a) 0,500 kg = ____ g
0,050 kg = ____ g
0,005 kg = ____ g

b) 0,750 kg = ____ g
0,075 kg = ____ g
0,007 kg = ____ g

c) 0,250 kg = ____ g
0,400 kg = ____ g
0,070 kg = ____ g

7 Im Supermarkt werden viele Brotsorten, in Scheiben geschnitten und verpackt, angeboten.

Toastbrot:	20 Scheiben,	500 g,	1,40 €
Vollkornbrot:	5 Scheiben,	250 g,	1 €
Mehrkornbrot:	9 Scheiben,	500 g,	1,35 €
Knäckebrot:	26 Scheiben,	230 g,	1 €

Finde eigene Aufgaben.

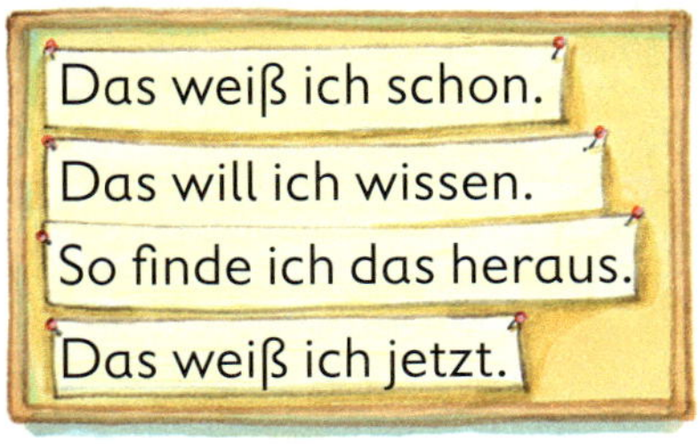

8 Tim ist leichter als Tom.

Lea wiegt 4 kg mehr als Naomi.

Tom wiegt 2 kg mehr als Naomi.

Naomi wiegt weniger als Tim.

a) Ordne die Kinder nach ihrem Gewicht.
Beginne mit dem schwersten Kind.

b) Auf dieser Waage stand Tom.
Wie viel kg wiegt Lea?
Wie viel kg wiegt Naomi?
Wie groß ist das Gewicht von Tim ungefähr?

Gewichtsangaben als Kommazahlen darstellen, Tabelle zur „Umwandlung“ nutzen; 5–6 zwischen Darstellungsformen wechseln; 7 eigene Sachaufgaben finden; 8 Körpergewicht aus der Beschreibung erschließen

E ▸ 35 AH ▸ 38 A ▸ 35

(1) Die geometrischen Körper kommen als Bauform an vielen Gebäuden vor.

a)

b)

Welche Grundformen geometrischer Körper erkennst du? Notiere in einer Tabelle im Heft.

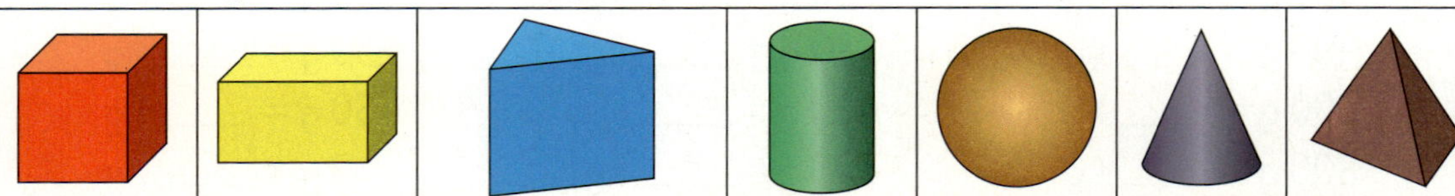

	Würfel	Quader	Dreiecksprisma	Zylinder	Kugel	Kegel	Pyramide
Foto a)							
Foto b)							

(2) Wie viele Ecken, Flächen, Kanten haben die verschiedenen Körpergrundformen?
Übertrage die Tabelle in dein Heft und fülle sie aus.

	Würfel	Quader	Dreiecksprisma	Zylinder	Kugel	Kegel	Pyramide
Ecken							
Flächen	6						
Kanten							

(3) Wie oft kommen die verschiedenen Körpergrundformen vor?

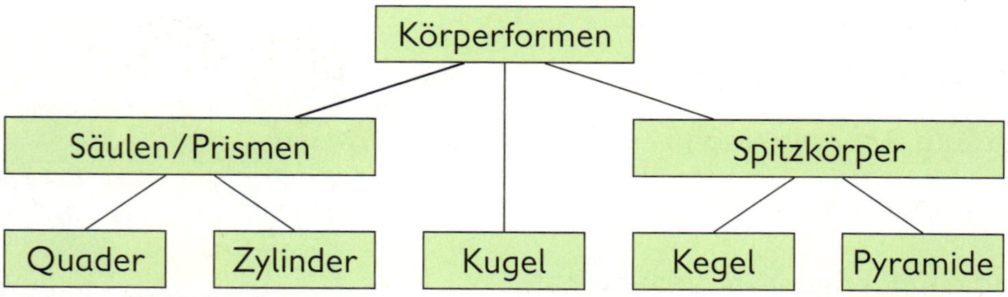

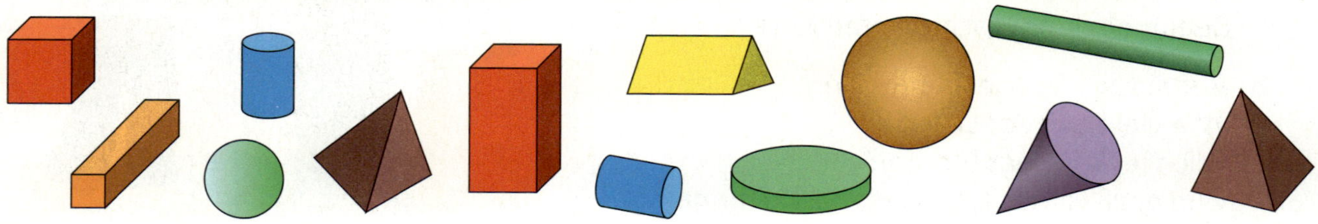

1 St. Michael (1010), Hildesheim, Körpergrundformen an Gebäuden identifizieren und tabellarisch erfassen; 3 Körpergrundformen systematisieren

E ▸ 36 AH ▸ 39 A ▸ 36

① 

Ordne sechs Quadrate wie im Beispiel an.
Füge sie mit Klebstreifen zu einer zusammenhängenden Fläche zusammen.
Richte daraus einen Würfel auf.

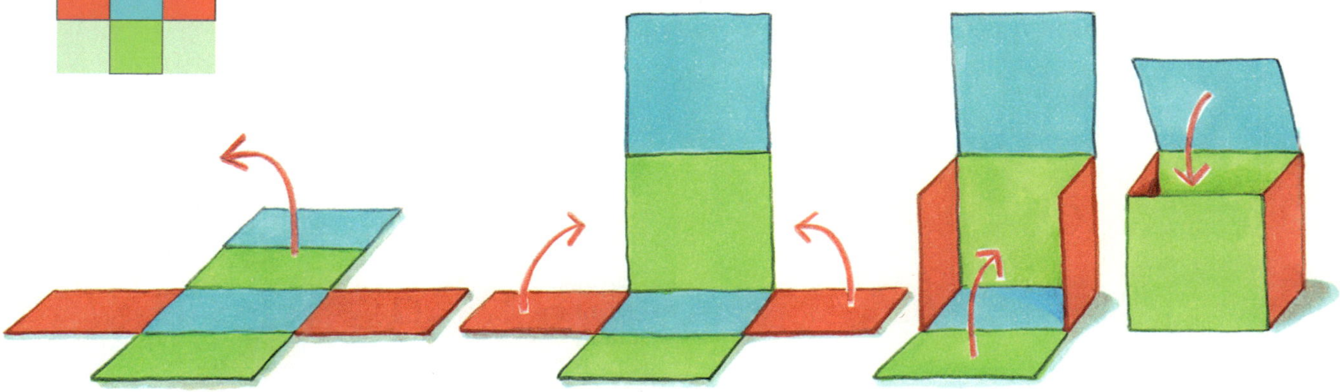

Sechs zusammenhängende Quadrate nennen wir **Netz**, wenn sich daraus ein Würfel aufrichten lässt.

② Welche Figuren aus sechs Quadraten bilden ein Netz?
Versuche dir vorzustellen, ob ein Würfel aufgerichtet werden kann, oder probiere mit quadratischen Notizzetteln.

a) 

b) 

c) 

d) 

③ Baue aus dem vorgefertigten Quadernetz (Stanzbeilage) einen Quader.
Die gegenüberliegenden Flächen sind wie beim Würfel gleich eingefärbt.
Übertrage die Quadernetze in dein Heft. Finde weitere Quadernetze.

a) 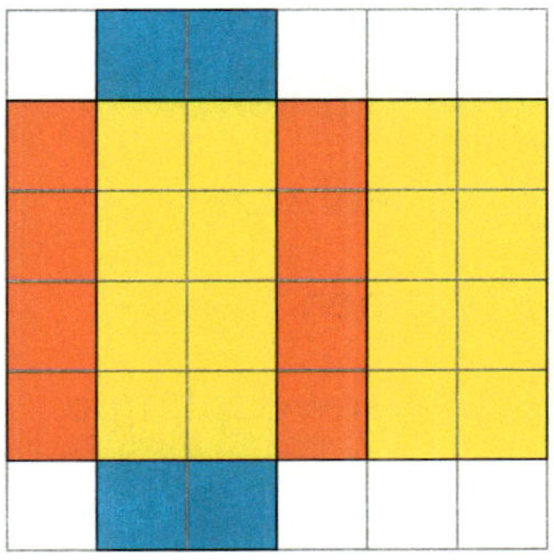

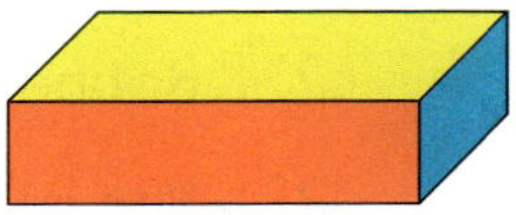

b) 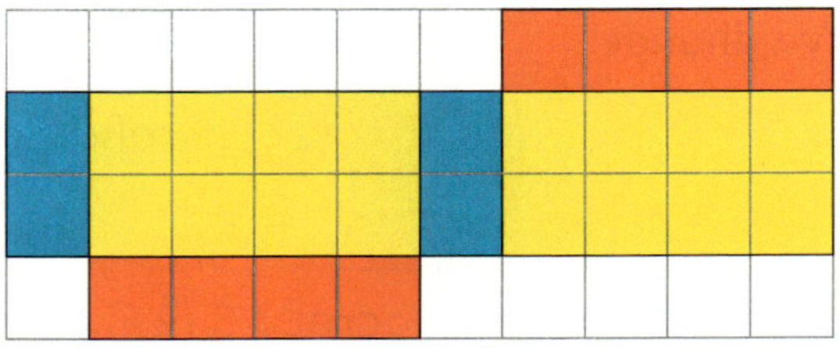

1 Würfelnetz erzeugen und zum Würfel aufrichten; 2 Würfelnetze von Figuren unterscheiden, die nicht Würfelnetze sind; 3 Quader bauen, verschiedene Quadernetze konstruieren

E ▸ 36 AH ▸ 39 A ▸ 36

Im Frankfurter Zoo gibt es viel zu sehen. Die Kinder orientieren sich. Auf dem Lageplan bilden Zeilen und Spalten ein Netz von Quadraten. Jedes hat als Namen die Kombination aus Zahl und Buchstabe.

2 B bezeichnet das Quadrat in der zweiten Zeile in Spalte B.

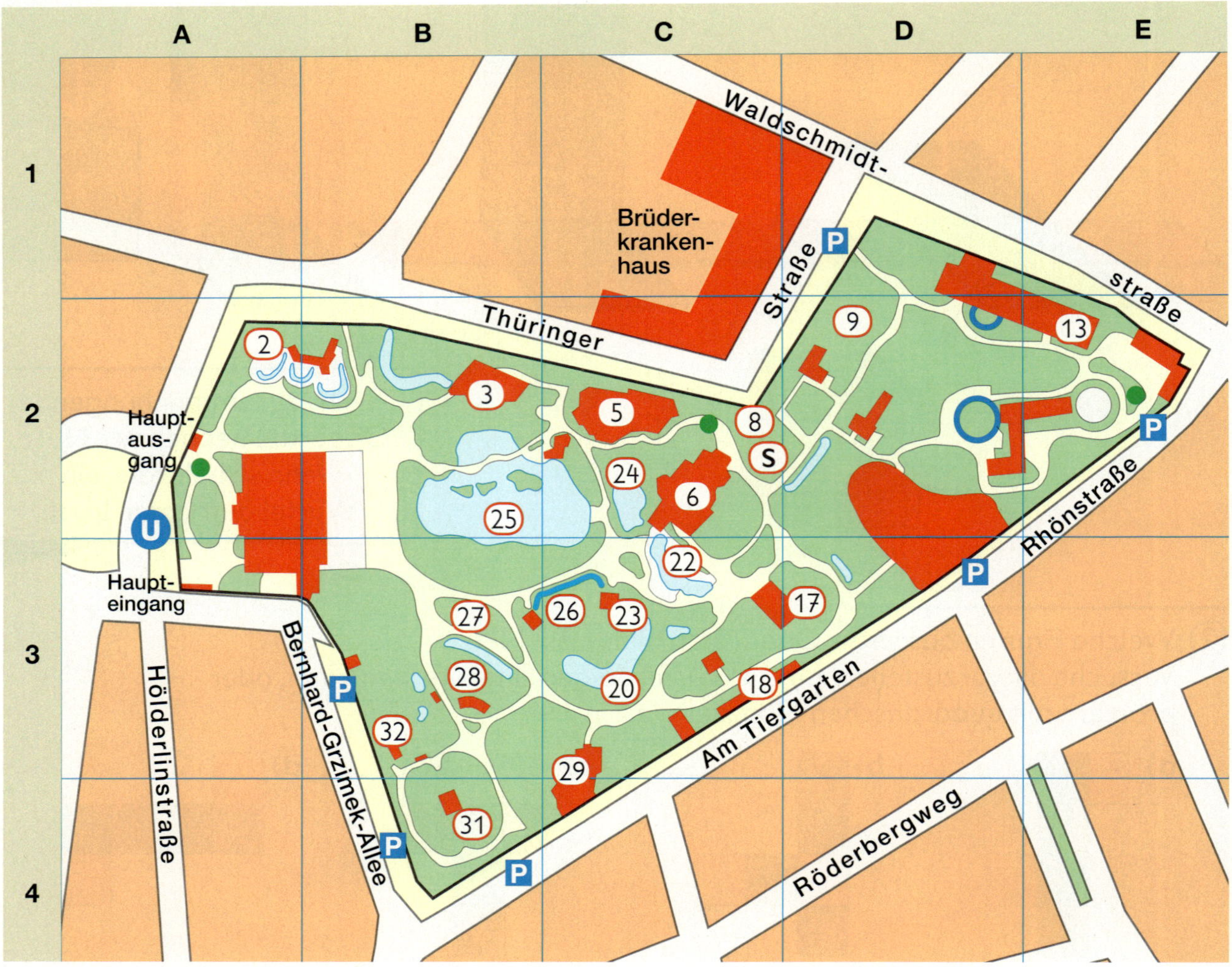

① Lies den Lageplan. Beschreibe. Was findest du in welchem Planquadrat? Schreibe ins Heft wie im Beispiel. Affen 2 C

2 Bären	17 Nashornhaus	26 Trampeltiere
3 Katzendschungel	18 Greifvögel	27 Streichelzoo
5 Affen	20 Vogelwiese	28 Zebras
6 Exotarium	22 Robbenklippen	29 Giraffenhaus
8 Kängurus	23 Ponys	31 Antilopen
9 Windhunde	24 Pelikane	32 Mähnenwolfpampa
13 Eulen	25 Großer Weiher	S Spielplatz ● Lageplan

② Was findest du im Planquadrat 3 B (2 C, 2 D)? Schreibe in dein Heft.

Orientierung auf einem vereinfachten Lageplan mittels Planquadraten; 1 ablesen der Planquadrate zu vorgegebenen Tiergehegen; 2 Angabe von Tiergehegen in vorgegebenen Planquadraten

E ▸ 37 AH ▸ 40 A ▸ 37

③ Schreibe jeweils die Planquadrate von Start und Ziel auf und beantworte die Fragen.

a) Auf seinem Weg sieht Jan links das Giraffenhaus. Dann nimmt er an der Weggabelung in 3 B den kürzesten Weg. Welche Tiere sieht er jetzt rechts?

b) Nele geht an der Wiese vorbei, die vor dem großen Weiher liegt. In welche Richtung muss sie an der Kreuzung in 3 C abbiegen? Welches Gehege liegt links von diesem Weg?

c) Lars will sich den Weg vorher noch einmal am Lageplan anschauen. Wo hängt der nächste Lageplan? „Also zurück und an den Eulen vorbei", sagt er. Auf welcher Seite des Weges sind die Eulen zuhause? In welchem Planquadrat liegt die nächste Kreuzung? In welche Richtung muss er abbiegen?

④ Sina steht auf der Wegekreuzung im Planquadrat 3 B.

a) Welche Gehege liegen an dieser Kreuzung? Sie schaut auf ein großes Haus. Welche Tiere leben darin?

b) Dann geht sie in Richtung Vogelwiese weiter. Welche Tiere leben rechts von ihrem Weg?

c) Wohin muss Sina an der nächsten Kreuzung abbiegen, wenn sie noch zum Streichelzoo möchte?

⑤ Zeichne die Skizze in dein Heft. Ergänze, was Tom rechts und links des Weges sieht.

Würfelgebäude

① Baue nach. Verwende immer 12 Würfel. Achte auf die verschiedenen Bauplätze.
Schreibe die zugehörigen Baupläne in dein Heft.

a)

b)

c)

② Baue nach Plan.

a)

4	2	3
2	1	1
1	1	

b)

3	4	3
1	3	
	1	

c)

2	3	4
1	2	1
	1	1

d)

	3	2
4	3	1
1	1	

e)

2	1	2	
1	1	1	1
2	1	2	
	1		

③ Zählen – sehen und wissen

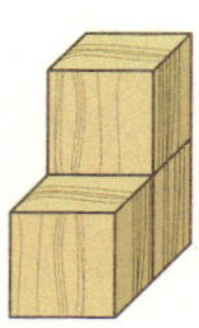

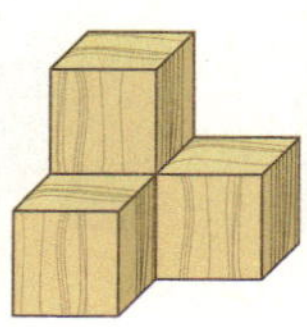

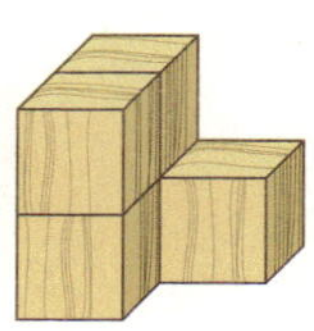

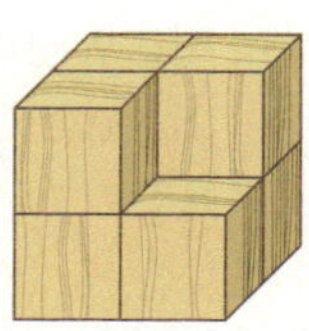

Ich sehe: 9
Ich weiß sicher: 11
Möglich noch: 2

Wie viele sicher?
Wie viele möglich?

a)

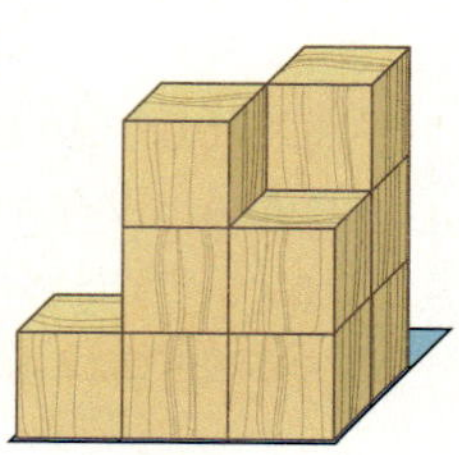

b)

1 auf Bauplänen unterschiedlicher Größe nachbauen; 3 zwischen sichtbaren, sicher vorhandenen und möglicherweise vorhandenen Würfeln unterscheiden, Anzahlen bestimmen

E ▸ 38 AH ▸ 41 A ▸ 38

④ Wie viele Würfel sicher? Wie viele Würfel höchstens?
Baue nach auf einem 3 x 4-Bauplatz. Schreibe jeweils zwei Baupläne.

a)
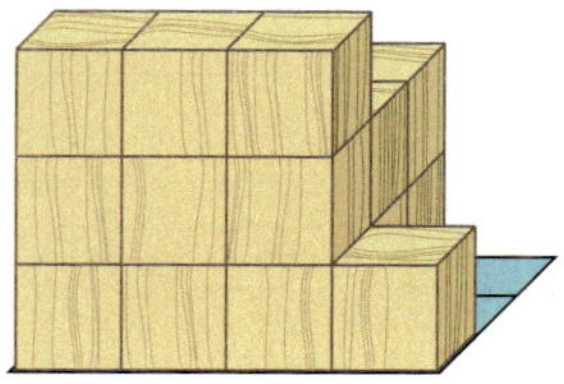

b)
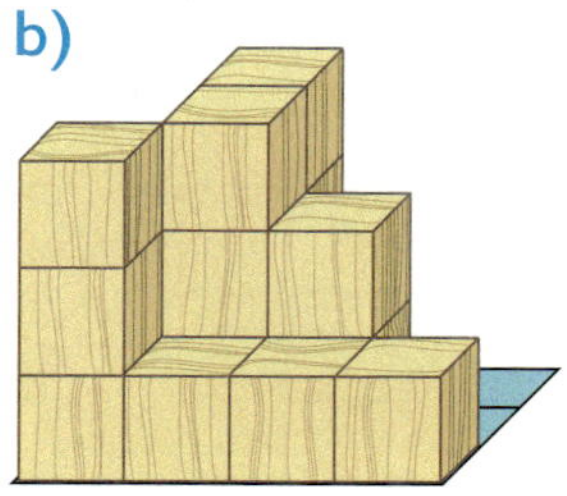

c)

d)
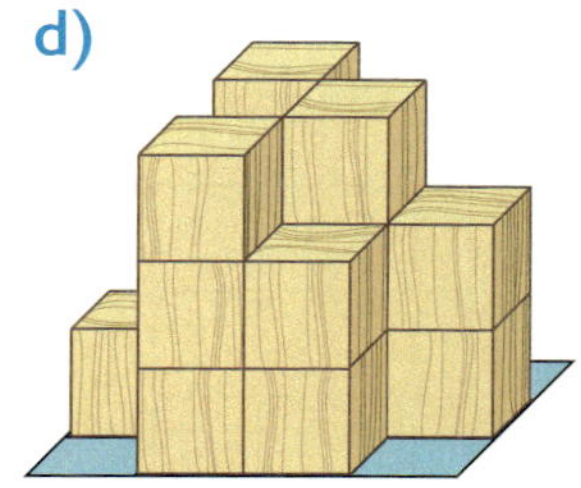

⑤ Immer gleich viele Würfel
Baue nach, schreibe die Baupläne.

a)

b)
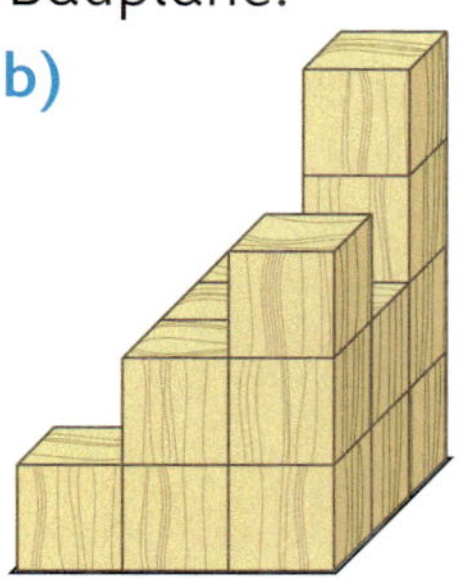

c)

d)

⑥ Zu welchem Kind gehört welcher Bauplan?

Noah

Nele

A

4	2	1	
2			
2	2		
	1		

B

	2	2	4
1	2		2
			1

C

1			
2		2	1
4	2	2	

D

		1	
		2	2
			2
	1	2	4

4 nachbauen, jeweils 2 Baupläne schreiben (sicher/möglich); 5 nachbauen;
6 Baupläne aus 4 verschiedenen Perspektiven schreiben
E ▸ 38 AH ▸ 41 A ▸ 38

Mit Somateilen bauen

① **a)** Baue nach Plan. Verbinde die Einzelwürfel zu Vierlingen.

b) Stelle auch den gelben Drilling her.

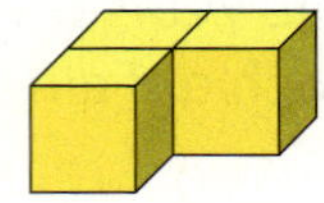

Drilling

c) Wie viele Einzelwürfel brauchst du?

1	1	
1		
1		

1		
1	1	
1		

1	1	
	1	1

2	1	
1		

1		
1	2	

		1
	2	1

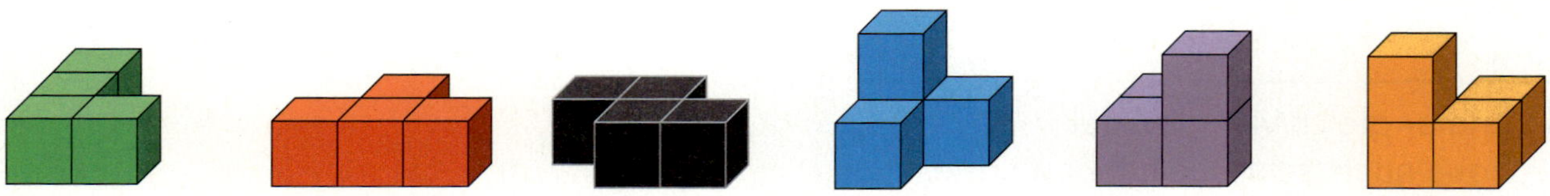

L T Z Ecke linke Hand rechte Hand

Diese 7 Teile heißen Somateile.

② Dieselben Vierlinge in veränderter Lage

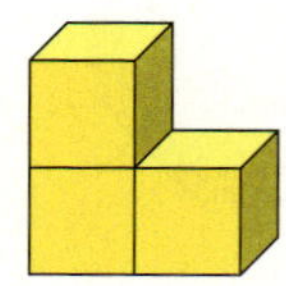

a) Schreibe zu jedem Teil wieder einen Bauplan.

b) Vergleiche die Baupläne in den Aufgaben 1 und 2.

c) Beschreibe Gemeinsamkeiten und Unterschiede der linken und rechten Hand.

d) Schreibe zu jedem Teil noch einen weiteren Bauplan.

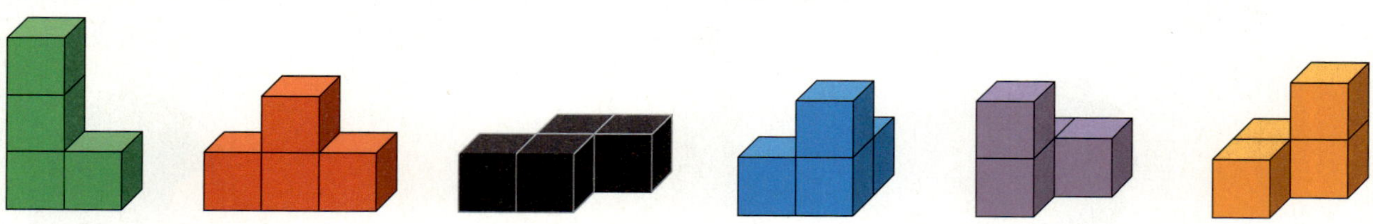

③ **a)** Ordne die Somateile auf einem 5 x 5-Bauplan so an, dass möglichst viele Felder des Plans belegt sind.

b) Auf wie vielen Feldern liegen 2 Würfel übereinander? Wie viele Felder bleiben leer?

c) Bringe jetzt alle Teile auf einem 4 x 4-Bauplan unter. Finde verschiedene Möglichkeiten.

d) Wie viele zweistöckige Türme entstehen, wenn alle Felder bebaut sind?

④ Baue die Gebäude aus zwei Somateilen nach. Schreibe ins Heft, welche Teile jeweils verwendet wurden. Welche Farbe müsste der zweite Teil haben?

T – rot
rechte Hand – orange

a)

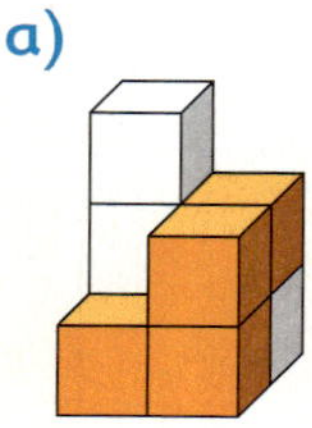

b)

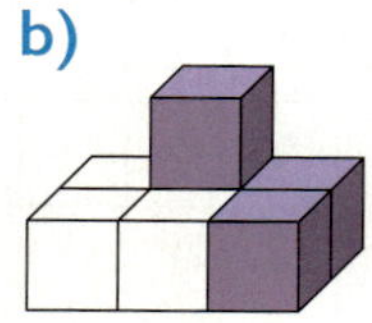

c)

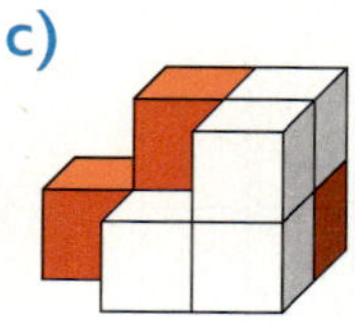

d)

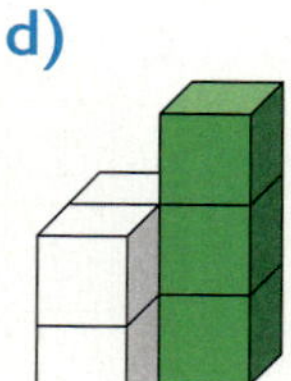

1 Würfelvierlinge nach Plan herstellen, Drilling herstellen; 2 Baupläne für die Somateile in veränderter Lage schreiben; 3 Somateile auf verschiedenen Bauplänen erproben; 4 Bezeichnung und Farbe für den zweiten Teil aufschreiben E ▶ 39 AH ▶ 42 A ▶ 39

⑤ Die sieben Somateile lassen sich zu einem Würfel zusammensetzen.

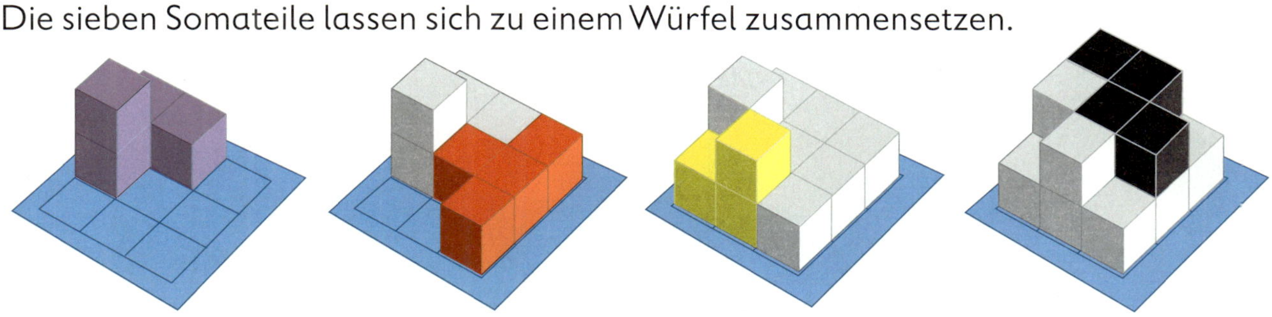

linke Hand + T + Drilling + T

\+ rechte Hand + L + Ecke

⑥ Zwei Teile – ein Somawürfel. Welche Teile gehören zusammen?
Überlegen – vermuten – begründen – durch Nachbauen prüfen.

a) 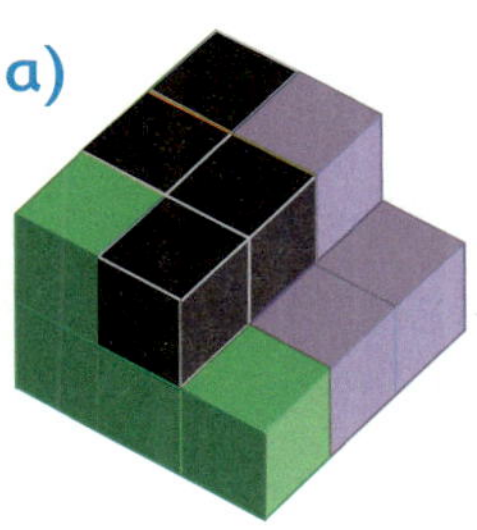

b) 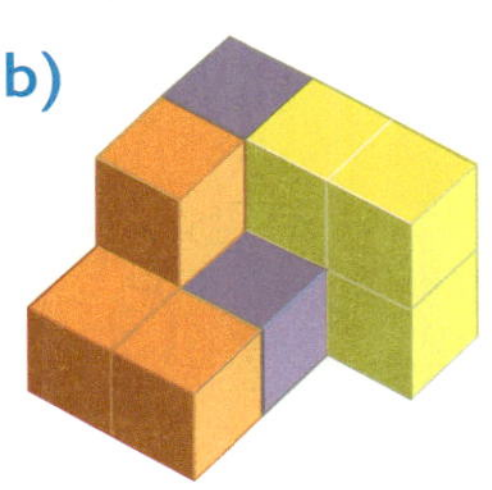

c) 

d) 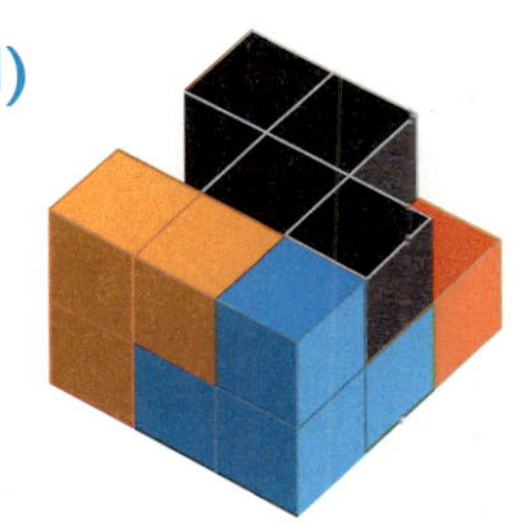

e) 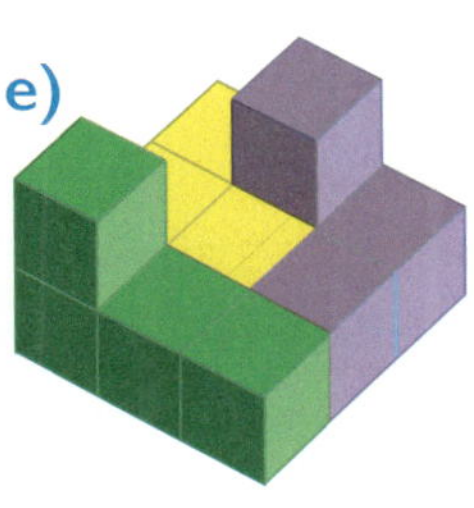

f) 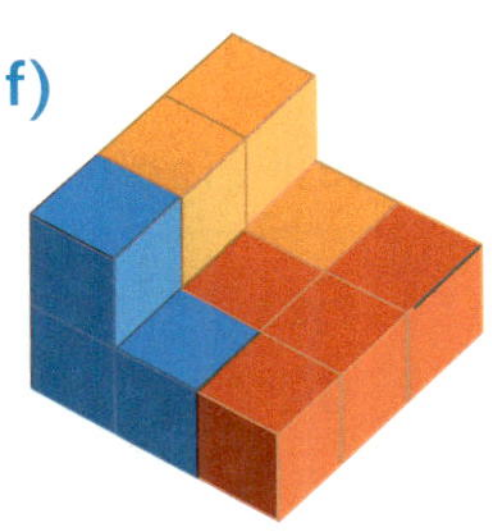

g) 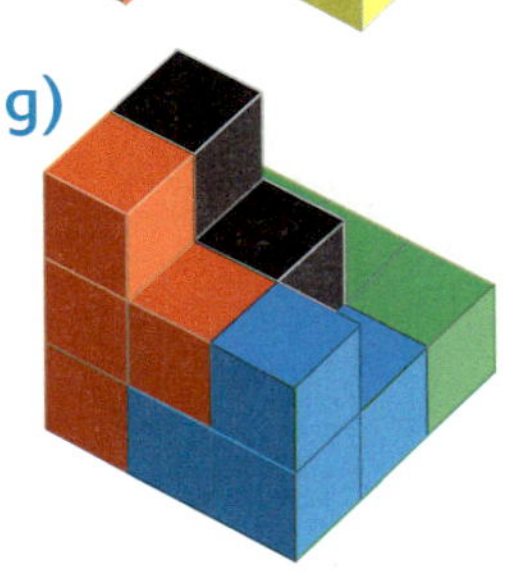

h) 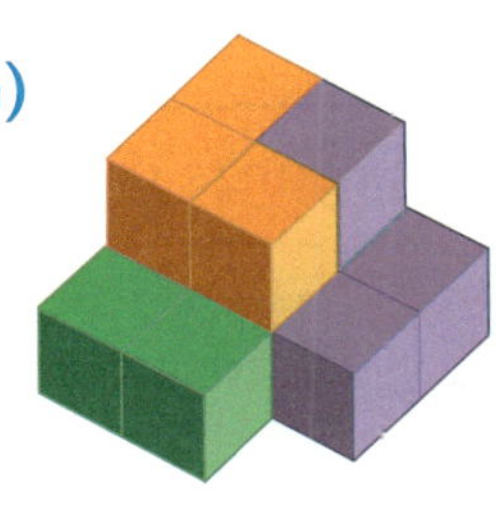

⑦ Baue diesen Würfel nach.

5 Somawürfel in Schritten nach Anweisung bauen; 6 Teile identifizieren, die sich zu einem Somawürfel ergänzen; 7 Somawürfel nach Seitenansichten nachbauen

E ▸ 39 AH ▸ 42 A ▸ 39

Volumen – Liter, Milliliter

① In diesen Gefäßen steht das Wasser gleich hoch.
In welchem Gefäß ist die größte Menge Wasser? Begründe deine Entscheidung.

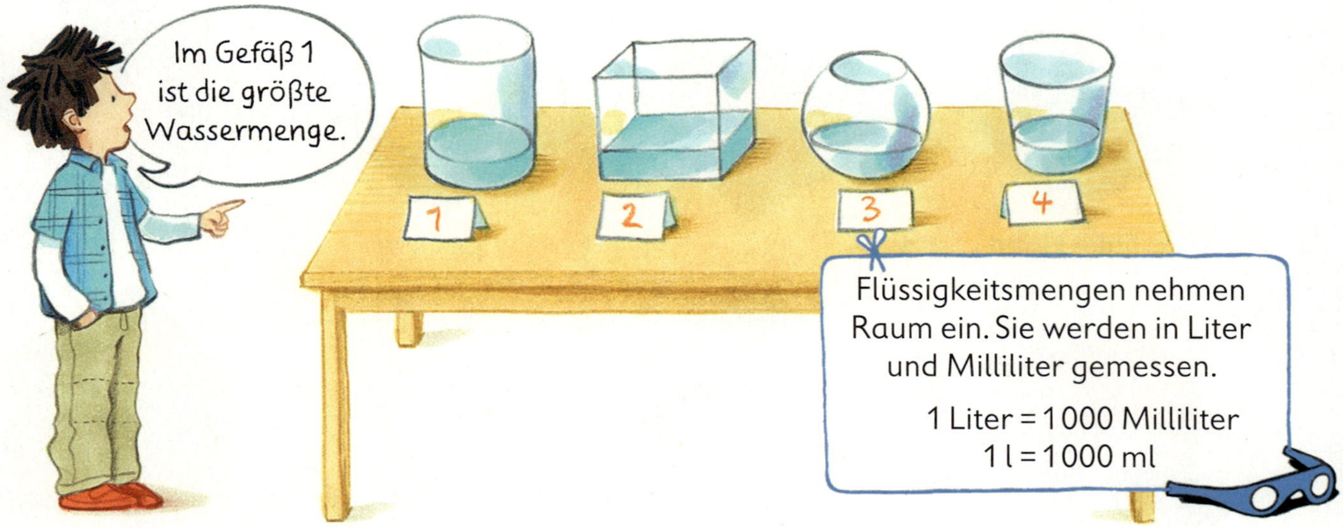

Flüssigkeitsmengen nehmen Raum ein. Sie werden in Liter und Milliliter gemessen.

1 Liter = 1000 Milliliter
1 l = 1000 ml

② Diese Gefäße werden als Messgeräte für Flüssigkeiten benutzt.
Welche kennst du noch?

Ⓜ Das Volumen des Eimers beträgt 10 l. 10 l Wasser füllen einen solchen Eimer.

③ Ergänze die fehlenden Angaben.

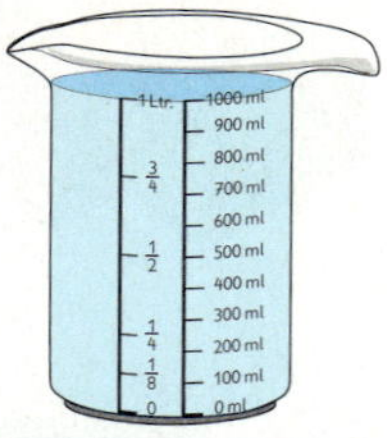

1000 ml = 1 l

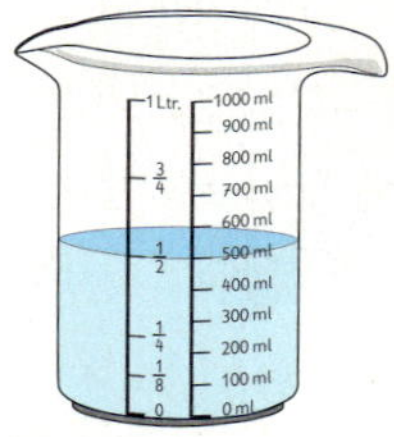

500 ml = $\frac{1}{2}$ l

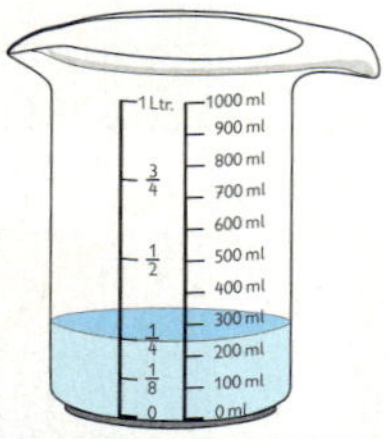

_____ ml = $\frac{1}{4}$ l

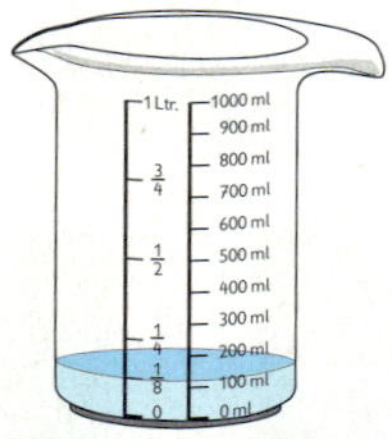

_____ ml = $\frac{1}{8}$ l

④ Finde eigene Beispiele.

1 Einschätzung der Wassermenge argumentativ vertreten, Milliliter als kleinere Einheit kennen lernen; 2 Fassungsvermögen von Gefäßen; 3 Füllmengen ablesen, zwei Schreibweisen nutzen; 4 Referenzwissen schaffen E ▸ 40 AH ▸ 43 A ▸ 40

⑤ Anna kann unter Gläsern verschiedener Größe wählen.

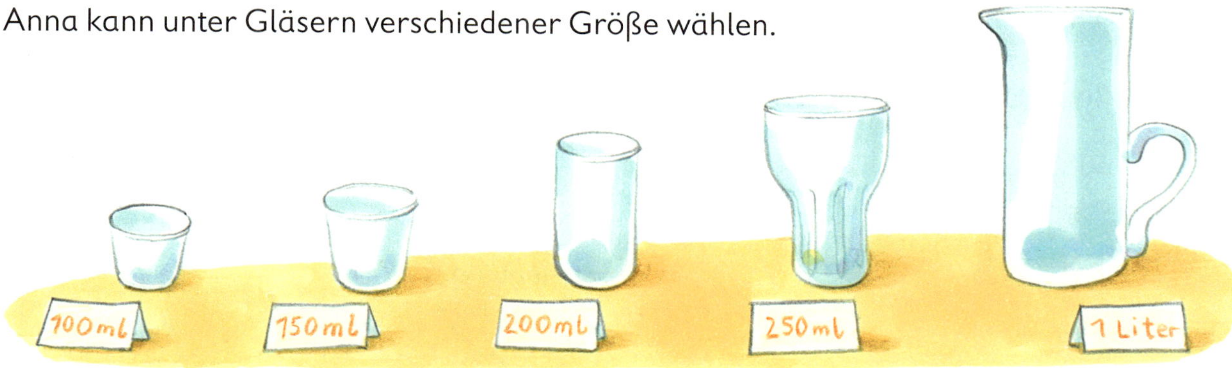

a) Wie viele Gläser zu je 100 ml kann Anna aus dem Saftkrug füllen?

b) Wie viele Gläser zu je 250 ml kann sie füllen?

c) Die Eltern möchten je $\frac{1}{4}$ l Saft trinken. Wie viel bleibt für Anna und ihren Bruder?

d) Annas Bruder Tom füllt den Saftkrug. Er erwartet vier Freunde. Wie viel Saft bekommt jeder?

⑥ Super M erwartet auch Freunde.

⑦ Für die Gäste am Nachmittag bereiten Tom und Anna einen Erdbeershake für 6 Personen vor. Tom und Anna überlegen, wie viel sie von den einzelnen Zutaten brauchen.

a) Schreibe das Rezept für 6 Personen.

b) Wie groß wird die Flüssigkeitsmenge ungefähr?

ⓒ Welche Schüssel wählen sie für die Zubereitung?

ⓓ Wie viel bekommt jeder ungefähr?

Erdbeershake
für 2 Personen

150 g Erdbeeren zerdrücken, mixen
300 ml Milch
1 TL Zitronensaft (5 ml)
2 TL Vanillezucker
2 Erdbeeren zur Dekoration

5 a, b 1 Liter aufteilen; c Restfüllung berechnen; d 1 Liter verteilen; 6 Saftverbrauch abhängig von der Glasgröße kalkulieren, 7 Zutaten für 6 Personen berechnen, Gefäß nach Bedarf wählen, Größe einer Portion angeben

E ▸ 40 AH ▸ 43 A ▸ 40

Vergrößern – verkleinern

Figuren lassen sich mit Hilfe des Karorasters leicht vergrößern oder verkleinern.

① **Vergrößern.** Übertrage die Zeichnungen in dein Heft.

Windmühle in Originalgröße

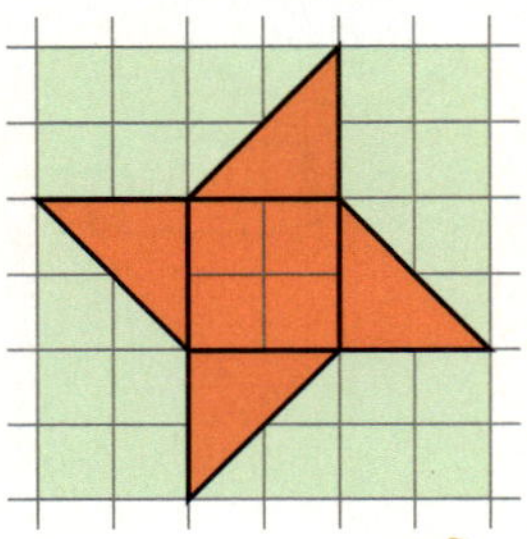

Windmühle in doppelter Größe

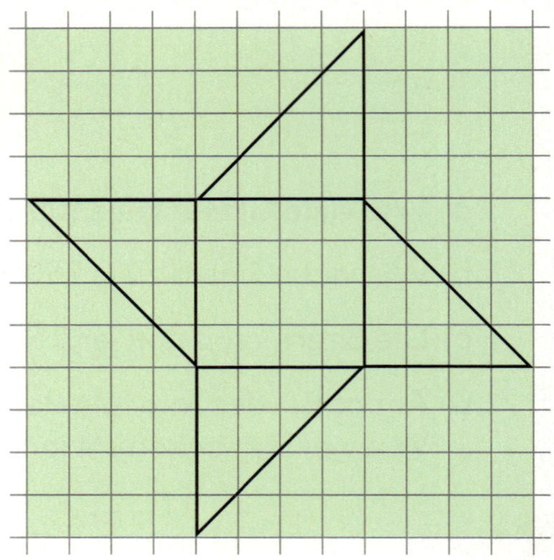

② Zeichne die Figuren in doppelter Größe in dein Heft.

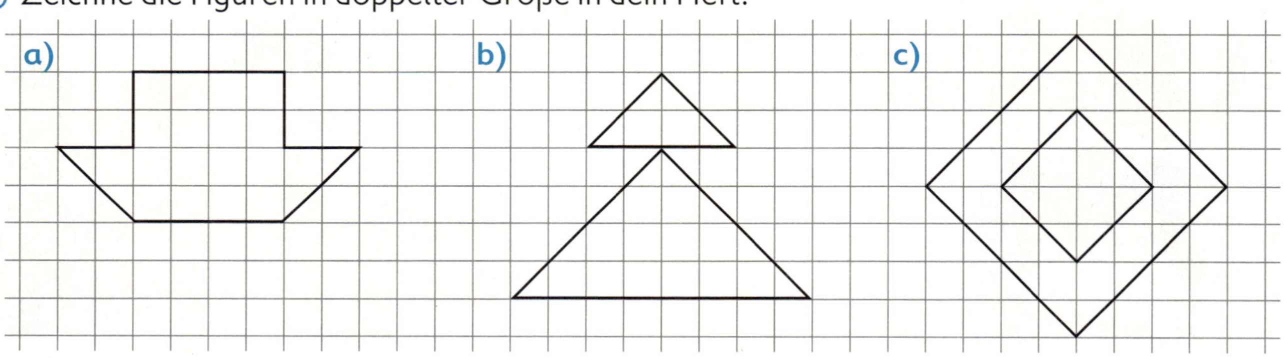

③ **Verkleinern.** Übertrage die Zeichnungen in dein Heft.

Windmühle in Originalgröße

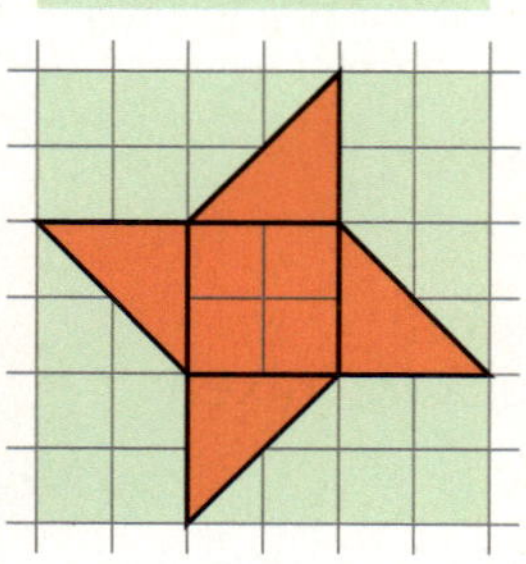

Windmühle in halber Größe

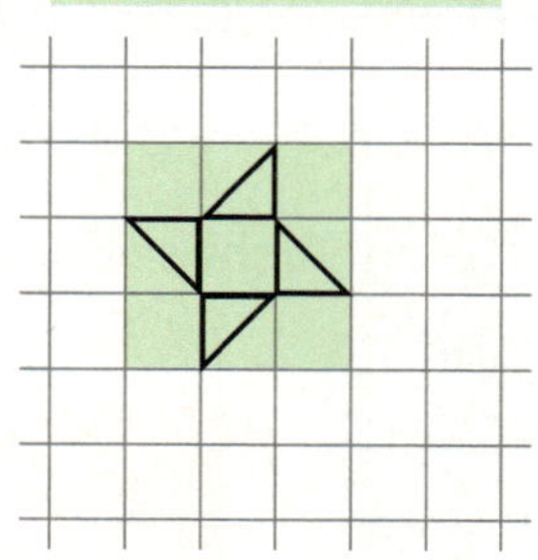

④ Zeichne die Figuren aus Aufgabe 2 in halber Größe in dein Heft.

Vergrößern/Verkleinern auf Karopapier; 1 Zeichnungen übertragen; 2 alle Streckenlängen werden doppelt so lang; 3 alle Streckenlängen werden halbiert; 4 in halber Größe zeichnen

E ▸ 41 AH ▸ 44 A ▸ 41

1 

Der Eiffelturm ist weltbekannt.
Er steht seit rund 120 Jahren mitten in Paris, der Hauptstadt von Frankreich.
Benannt wurde er nach seinem Erbauer Gustave Eiffel. Der Turm ist 300 m hoch, mit der Antenne sogar fast 330 m.

Die Nachbildung des Eiffelturms im Freizeitpark „France miniature" ist genau 10 m hoch.

In Wirklichkeit ist der Turm 30-mal so hoch, mit Antenne fast 31-mal.

Maßstab 1 : 30

Der Maßstab beschreibt das Größenverhältnis von Bild und Wirklichkeit.

1 : 30

1 m im Bild steht für 30 m in der Wirklichkeit.

10 m im Bild stehen für 300 m in der Wirklichkeit.

2 3 cm auf dem Foto stehen für 1 cm in der Wirklichkeit.

Maßstab 3 : 1

Wie lang ist der Marienkäfer?

3 In Wirklichkeit doppelt so groß

Maßstab 1 : 2

Wie hoch ist der Fingerhut?

4 

1 Informationen aus Bild und Text entnehmen, die Maßstabangabe lesen und interpretieren können;
2–3 Längen in der Wirklichkeit berechnen; 4 herausfinden, wievielmal so hoch der Eiffelturm in Wirklichkeit ist, Maßstab für den Schlüsselanhänger angeben E ▸ 41 AH ▸ 44 A ▸ 41

Das kann ich schon!

① Zeit

Wie viele Sekunden?

a) 

b) 

c) 

d) 

e) 

f) Schreibe als Sekunden.

4 min
7 min
1 min
$\frac{1}{2}$ min
$1\frac{1}{2}$ min

g) Schreibe als Minuten und Sekunden.

90 s
120 s
210 s
30 s

h) Ergänze zu einer Minute.

48 s
8 s
$\frac{1}{4}$ s
31 s

② Achsensymmetrie

a) Zeichne die Symmetrieachsen ein.

b) Zeichne das Spiegelbild.

Ein Quadrat hat ____ Symmetrieachsen, ein Rechteck hat ____ …

③ Gewichte – kg, g

Die Salami wiegt ____ g.

Der Käse wiegt ____ g.

Der Frischkäse wiegt ____ g.

Das Brot wiegt ____ g.

a) Ordne nach dem Gewicht.

b) Wie viel fehlt jeweils bis zu 1 kg?

c) Welcher Einkauf ergibt genau 1 kg?

④ Körper – Welcher ist es?

a) Zum Netz gehören nur Quadrate.

b) Sechs Vierecke bilden das Netz.

c) Im Netz kommt nur ein Quadrat vor.

d) Die Grundfläche ist ein Kreis. Es gibt eine Ecke.

e) 6 Ecken, 9 Kanten, 5 Flächen

f) 8 Ecken, 12 Kanten, 6 Flächen

⑤ Würfelnetze

Welche Figur ist sicher kein Würfelnetz?

a) 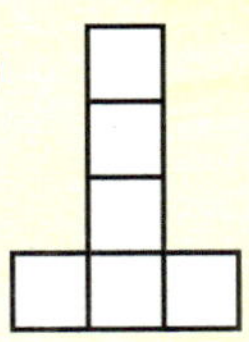

b) 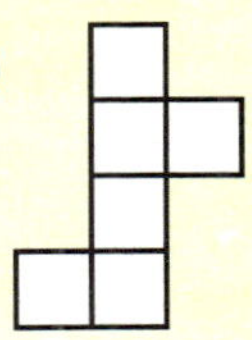

c) 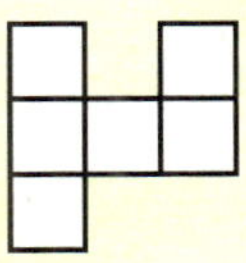

Ergänze die fehlende Fläche.
Wie viele Möglichkeiten gibt es?

a) 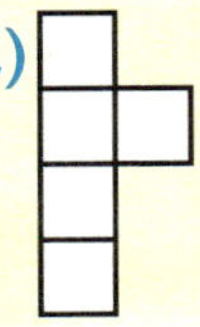

b) 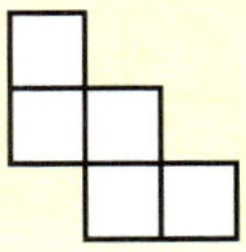

c) 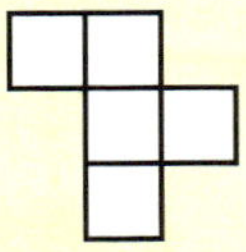

⑥ Volumen – Liter, Milliliter – l, ml

a) Ordne zu.

b) Vedat hat 1 l Apfelsaft.
Wie viele Becher kann er füllen?

Becher zu je	Anzahl Becher
500 ml	
250 ml	
200 ml	
125 ml	
100 ml	

c) Ein Krug fasst $1\frac{1}{2}$ Liter.
Ein Glas fasst 150 ml.
Wie viele Gläser kannst du füllen?

d) Im Topf sind noch $1\frac{1}{2}$ l Suppe. Nina möchte 2 Kellen Suppe.
Für wie viele Kinder reicht die Suppe, wenn jedes Kind so viel bekommen soll wie Nina?

E ▸ 42 A ▸ 42

Einmaleinstafel – Entdeckungen

1 Wie viele verschiedene Ergebniszahlen gibt es? Begründe.

1 · 1	1 · 2	1 · 3	1 · 4	1 · 5	1 · 6	1 · 7	1 · 8	1 · 9	1 · 10
2 · 1	2 · 2	2 · 3	2 · 4	2 · 5	2 · 6	2 · 7	2 · 8	2 · 9	2 · 10
3 · 1	3 · 2	3 · 3	3 · 4	3 · 5	3 · 6	3 · 7	3 · 8	3 · 9	3 · 10
4 · 1	4 · 2	4 · 3	4 · 4	4 · 5	4 · 6	4 · 7	4 · 8	4 · 9	4 · 10
5 · 1	5 · 2	5 · 3	5 · 4	5 · 5	5 · 6	5 · 7	5 · 8	5 · 9	5 · 10
6 · 1	6 · 2	6 · 3	6 · 4	6 · 5	6 · 6	6 · 7	6 · 8	6 · 9	6 · 10
7 · 1	7 · 2	7 · 3	7 · 4	7 · 5	7 · 6	7 · 7	7 · 8	7 · 9	7 · 10
8 · 1	8 · 2	8 · 3	8 · 4	8 · 5	8 · 6	8 · 7	8 · 8	8 · 9	8 · 10
9 · 1	9 · 2	9 · 3	9 · 4	9 · 5	9 · 6	9 · 7	9 · 8	9 · 9	9 · 10
10 · 1	10 · 2	10 · 3	10 · 4	10 · 5	10 · 6	10 · 7	10 · 8	10 · 9	10 · 10

2 **a)** Betrachte die Diagonale genauer. Was fällt dir an der Differenz der aufeinanderfolgenden Quadratzahlen auf? Wie geht es weiter?

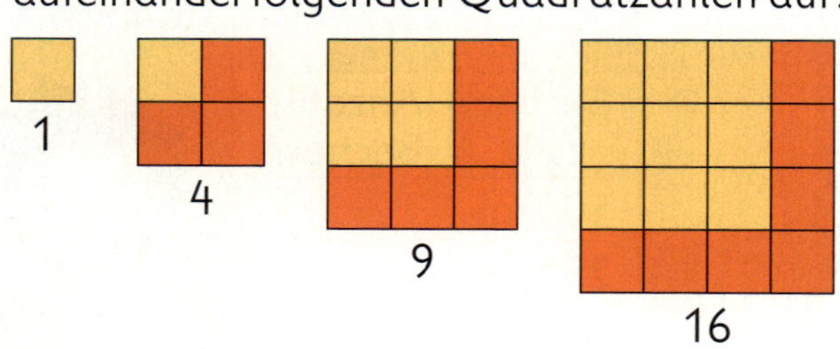

1 + 3 = 4
4 + 5 = 9
9 + __ = ____
__ + __ = ____

b) Bestimme die Unterschiede der Ergebnisse einer Nebendiagonalen. Was fällt dir auf? Notiere eine Begründung.

3 **a)** Wähle in der Einmaleinstafel ein beliebiges 2 x 2-Quadrat. Addiere die Produkte über Kreuz. Was stellst du fest?

b) Untersuche weitere Quadrate.

7 · 5	7 · 6
8 · 5	8 · 6

7 · 5 + 8 · 6
35 + 48 = 83

8 · 5 + 7 · 6
40 + 42 = 82

	8 · 7

	9 · 8

8 · 8	

1 entdecken und üben an der Einmaleinstafel; 2 Quadratzahlen untersuchen; 3 Muster beschreiben und begründen

E ▸ 43 AH ▸ 45 A ▸ 43

1 Bestimme jeweils die Anzahl. Rechne geschickt.
Notiere deinen Lösungsweg.

a)

b)

2

Erwachsene	1	2	4	6	8	
Preis	3,50 €					

Kinder	1	2	4	6	8	
Preis	1,50 €					

a) Herr Möller geht mit seinen 3 Kindern ins Schwarzlicht-Theater.

b) Sarah hat Geburtstag. Sie lädt ihre 5 Freundinnen ins Theater ein.

c) Die Brüder Leo und Paul möchten mit ihren Eltern ebenfalls ins Theater.

d) Schreibe eine eigene Aufgabe zum Besuch des Schwarzlicht-Theaters.

3 a)

·	3	6	9
4			
7			
8			
9			

b)

·	5		7
6		48	
2			
			35

4 a)

·	11	12	15
3			
5			
6			
8			

b)

·	10		40
4		80	
	30		
5			
			400

5

a)	b)
1 · 9	2 · 10
2 · 8	3 · 9
3 · 7	4 · 8
4 · 6	5 · 7
5 · 5	6 · 6

6

a) Ich multipliziere meine Zahl mit 7 und erhalte 42.

b) Ich halbiere eine Zahl, multipliziere mit 8 und erhalte 48.

c) Mit welcher Zahl muss ich 6 multiplizieren, damit 54 das Ergebnis ist?

1 Anzahlen multiplikativ bestimmen; 2 Preistabellen schreiben und für die Berechnungen nutzen;
5 Ergebnisse der Aufgaben als Zahlenfolgen lesen, beschreiben

E ▸ 43 AH ▸ 45 A ▸ 43

Teiler

① Welche Zahlen teilen 24 ohne Rest?

24 : 1 = 24
24 : 2 = 12
24 : 3 = 8
24 : 4 = 6
24 : 6 = 4
24 : 8 = 3
24 : 12 = 2
24 : 24 = 1

1 · 24 = 24
2 · 12 = 24
3 · 8 = 24
4 · 6 = 24

Die Teiler von 24 sind: 1, 2, 3, 4, 6, 8, 12 und 24.

Teiler einer Zahl sind die Zahlen, die die Zahl ohne Rest teilen.

② Bestimme die Teiler von:

a) 8, 12, 16, 18 **b)** 5, 11, 17, 23 **c)** 9, 16, 25, 36

d) Vergleiche die Anzahl der Teiler. Was fällt dir auf? Erkläre.

③ Viele Zahlen haben auch gemeinsame Teiler.

Teiler von 18	1	2	3		6		9	18
Teiler von 24	1	2	3	4	6	8	12	24
Gemeinsame Teiler von 18 und 24	1	2	3		6			

Bestimme die gemeinsamen Teiler von:

a) 15 und 35
b) 30 und 60
c) 21 und 26

Was fällt dir auf? Erkläre.

④ Zahlenrätsel

a) Meine Zahl ist Teiler von 15 und Teiler von 20. Sie ist größer als 1.

b) Meine Zahl ist Teiler von 12 und Teiler von 18. Sie ist größer als 3.

c) Meine Zahl ist Teiler von 24 und Teiler von 30. Sie ist größer als 3.

d) Meine Zahl ist Teiler von 100 und Teiler von 1000. Sie ist größer als 99.

5

1 Teiler von 24 anschauungsgestützt finden;
5 Beziehungen zu Teilern von 120 herstellen

E ▸ 44 AH ▸ 46 A ▸ 44

Vielfache

1 Vervollständige.

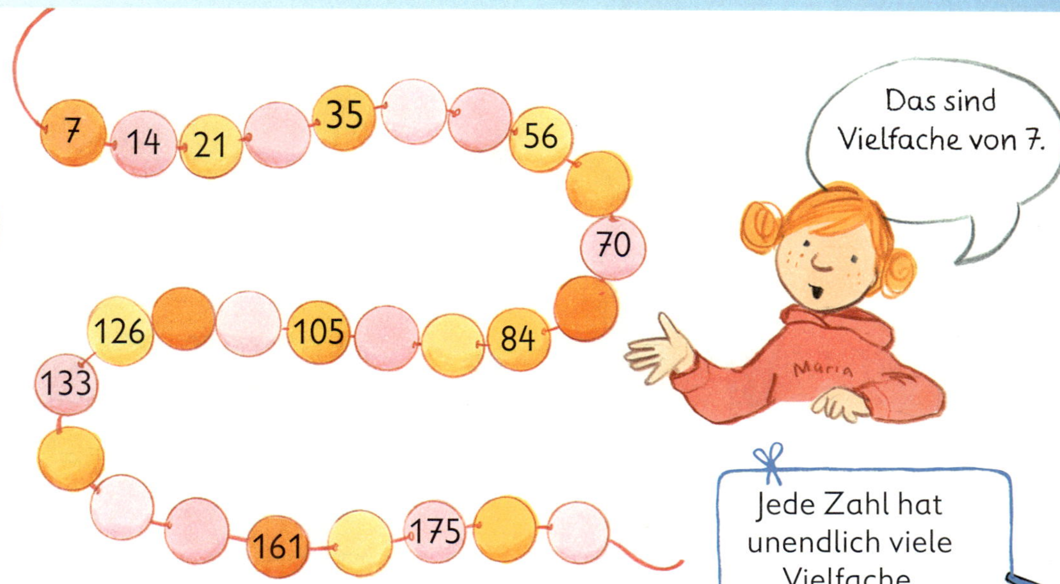

Jede Zahl hat unendlich viele Vielfache.

2 Schreibe jeweils 8 Vielfache

a) von 9 b) von 5

c) von 6 d) von 11

e) von 12 f) von 8

Beginne bei 64.

3 Welche Zahl passt nicht?

a) 18, 24, 30, 35, 42 b) 72, 80, 87, 96, 104

c) 27, 30, 32, 36, 39 d) 49, 54, 63, 70, 77

e) 36, 45, 54, 64, 72 f) 48, 56, 64, 73, 80

S. 89, Nr. 3 a) 35 ist nicht Vielfaches von 6.

4 Richtig oder falsch? Begründe.

a) 24 ist Vielfaches von 6.

b) 17 hat keine Vielfache.

c) 110 ist Vielfaches von 10.

d) 300 ist Vielfaches von 10 und von 15.

e) 9 ist eine gerade Zahl.

f) Alle geraden Zahlen sind Vielfache von 2.

g) Alle Vielfache sind gerade Zahlen.

h) 36 ist Vielfaches von 8.

i) Alle Vielfache von 12 sind auch Vielfache von 6.

S. 89, Nr. 4

a) Richtig, denn 24 = 4 · 6

5 Finde mindestens 5 Zahlen, die

a) Vielfache von 5 und zugleich Vielfache von 10 sind.

b) Vielfache von 2 und zugleich Vielfache von 3 sind.

c) gleichzeitig Vielfache von 2, 4 und 8 sind.

S. 89, Nr. 5

a)	5	10	15	20	25	30	35	40	45	50
		10		20		30		40		50

1 Vielfache von 7 ergänzen und fortsetzen; 3 Fehler in Vielfachenfolgen erkennen;
4 zur Bewertung jeder Aussagen eine Begründung angeben

E ▸ 44 AH ▸ 46 A ▸ 44

3 · 1 ct = 3 ct

3 · 10 ct = 30 ct

3 · 2 ct = 6 ct

3 · 20 ct = 60 ct

(1)

4 · 5 € = ___ €

4 · 50 € = ___ €

(2)

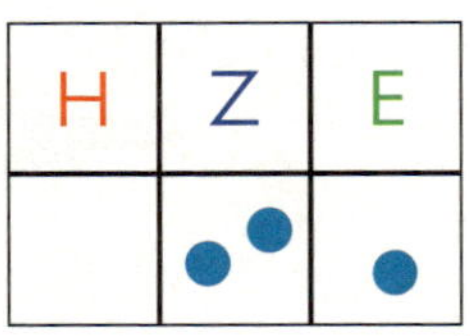

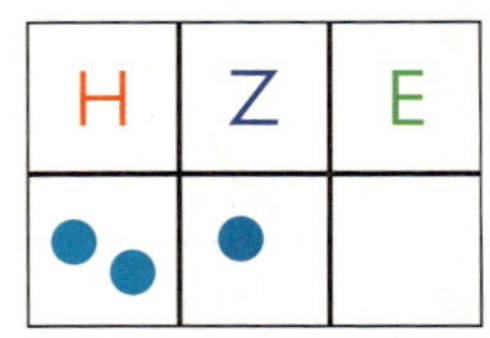

S. 90, Nr. 2

a) 7 · 3 = 21
7 · 30 = 210

a) 7 · 3
7 · 30

b) 2 · 4
2 · 40

c) 9 · 5
9 · 50

d) 6 · 3
6 · 30

e) 4 · 8
4 · 80

f) 5 · 7
5 · 70

g) 3 · 6
3 · 60

h) 8 · 9
8 · 90

i) 4 · 2
4 · 20

k) 7 · 5
7 · 50

(3)

a) ___ · 5 = 30
___ · 50 = 300

b) ___ · 5 = 40
___ · 50 = 400

c) ___ · 3 = 21
___ · 30 = 210

d) ___ · 3 = 18
___ · 30 = 180

e) ___ · 3 = 15
___ · 30 = 150

f) ___ · 4 = 16
___ · 40 = 160

g) ___ · 7 = 63
___ · 70 = 630

h) ___ · 9 = 27
___ · 90 = 270

(4)

a)

·	4	40
3		
6		
9		

b)

·	5	50
2		
4		
8		

c)

·	7	70
5		
10		
7		

d)

·	3	30	6	60
7				
8				
9				

(5) Setze fort.

a) 20, 40, 60, …, 200

b) 30, 60, 90, …, 300

c) 40, 80, 120, …, 400

d) 50, 100, 150, …, 500

e) 60, 120, 180, …, 600

f) 70, 140, 210, …, 700

g) 80, 160, 240, …, 800

h) 80, 180, 270, …, 900

1–4 in Analogie zum Einmaleins Zehnerzahlen multiplizieren;
5 Zahlenfolgen zum Zehnereinmaleins fortsetzen

E ▸ 45 AH ▸ 47 A ▸ 45

6 Rechne zu jeder Aufgabe auch die Tauschaufgabe.

S. 91, Nr. 6
a) 4 · 70 = 280
70 · 4 = 280

a)	b)	c)	d)	e)
4 · 70	5 · 80	4 · 40	9 · 50	7 · 70
3 · 50	2 · 30	8 · 60	7 · 80	4 · 60
6 · 90	7 · 20	6 · 70	5 · 30	7 · 90

7 Fasse geschickt zusammen und rechne aus.

Faktoren dürfen vertauscht werden. Das Ergebnis bleibt gleich.

a)	b)	c)
2 · 6 · 5 = ___	4 · 3 · 5 = ___	6 · 7 · 5 = ___
2 · 3 · 5 = ___	4 · 6 · 5 = ___	6 · 4 · 5 = ___
2 · 8 · 5 = ___	4 · 7 · 5 = ___	6 · 9 · 5 = ___

d) Erfinde eigene Aufgaben.

8

a)	b)
3 · 90 = 270	6 · ___ = 300
90 · ___ = 270	50 · ___ = 300
9 · 30 = 270	5 · ___ = 300
30 · ___ = 270	60 · ___ = 300

9

a)	b)
480 = 6 · ___	360 = 4 · ___
480 = 80 · ___	360 = 90 · ___
480 = 8 · ___	360 = 9 · ___
480 = 60 · ___	360 = 40 · ___

10 Finde passende Aufgaben.

a)	b)	c)	c)
240 = ___ · ___	540 = ___ · ___	720 = ___ · ___	120 = ___ · ___
180 = ___ · ___	400 = ___ · ___	420 = ___ · ___	250 = ___ · ___
320 = ___ · ___	360 = ___ · ___	560 = ___ · ___	630 = ___ · ___

11 Wie schwer zusammen?

a)

4 · 100 g = ___ g

b)

2 · ___ g = ___ g

c)

___ · ___ g = ___ g

d) ___ Tafeln Schokolade wiegen 1 kg.

e) Annika hat 1 kg Butter eingekauft. Wie viele Päckchen sind das?

f) Zum Backen braucht die Oma ein halbes Paket Margarine. Das sind ___ g.

g) Ein halbes Päckchen Butter wiegt ___ g.

6, 8 Tauschaufgaben bilden und berechnen; 7 Aufgaben durch Vertauschen der Faktoren vereinfachen; 9 multiplikative Zerlegung – ein Faktor ist immer eine Zehnerzahl; 10, wie 9, zu jeder Aufgabe gibt es mehrere Lösungen E ▸ 45 AH ▸ 47 A ▸ 45

Halbschriftliches Multiplizieren

① Rechne wie Vedat.

a) 7 · 19
4 · 39
6 · 29
3 · 99

b) 9 · 49
5 · 69
8 · 89
4 · 59

133 156 174 236 297
345 441 567 712

② Rechne wie Tom.

a) 4 · 36
7 · 28
6 · 51
5 · 63

b) 8 · 42
9 · 32
3 · 94
6 · 58

144 196 282 288 306
315 336 348 482

③ Rechne wie Sina.

a) 4 · 112
2 · 350
3 · 222
6 · 110

b) 5 · 120
4 · 220
3 · 231
4 · 150

448 600 600 660 666
693 700 880 999

④ Rechne geschickt.

a) 8 · 19
4 · 53
6 · 43
4 · 212
3 · 232

b) 7 · 46
9 · 89
6 · 73
4 · 221
5 · 140

c) 4 · 59
6 · 74
8 · 36
9 · 111
3 · 333

d) 9 · 29
6 · 45
7 · 68
5 · 112
4 · 122

e) 5 · 86
4 · 202
8 · 39
2 · 443
3 · 123

152 212 261 236 258 270 288 312 322 369 430 438 444 476 488 560 696 700 704
801 808 848 884 886 999 999

⑤ Was fällt dir auf?

a) 2 · 34
4 · 34
8 · 34

b) 2 · 25
4 · 25
8 · 25

c) 2 · 35
4 · 35
8 · 35

d) 2 · 68
4 · 68
8 · 68

e) 2 · 75
4 · 75
8 · 75

f) Erfinde ein eigenes Päckchen.

1–3 verschiedene Rechenwege nachvollziehen und erproben; 4 aufgabenbezogen einen geschickten Weg nutzen; 5 Verdopplung als Lösungsstrategie entdecken

E ▸ 46 AH ▸ 48 A ▸ 46

Halbschriftliches Multiplizieren

① Markttag

3 · 17 = ___ 4 · 27 = ___ 6 · ___ = ___ ___ · ___ = ___

②

a)	b)	c)	d)	e)
6 · 36	5 · 42	6 · 59	4 · 133	5 · 142
7 · 37	5 · 44	5 · 59	4 · 135	5 · 144
8 · 38	5 · 46	4 · 59	4 · 137	5 · 146
9 · 39	5 · 48	3 · 59	4 · 139	5 · 148

③ Suche dir jeweils 3 Aufgaben zum Rechnen aus und begründe, warum du gerade diese Aufgaben gewählt hast.

a)	b)	c)	d)	e)
30 · 6	4 · 19	2 · 75	47 · 3	5 · 79
32 · 6	4 · 20	3 · 75	48 · 3	5 · 80
35 · 6	4 · 25	4 · 75	49 · 3	5 · 85
39 · 6	4 · 28	5 · 75	50 · 3	5 · 91
40 · 6	4 · 31	6 · 75	51 · 3	5 · 99

④ Addiere jeweils die beiden Ergebnisse. Was fällt dir auf? Erkläre.

a)	6 · 68	4 · 55	7 · 29	3 · 38	8 · 57
	6 · 32	4 · 45	7 · 71	3 · 62	8 · 43
b)	3 · 178	2 · 255	4 · 123	5 · 137	3 · 167
	3 · 122	2 · 245	4 · 127	5 · 63	3 · 233

⑤ Zahlenfolgen

a) 12, 24, 36, …, 120
b) 120, 240, …, 1200
c) 15, 30, 45, …, 150
d) 150, 300, …, 1500
e) 25, 50, 75, …, 250
f) 250, 500, …, 2500

⑥ 29, 79, 129, 179, …

a) immer mal 2
b) immer mal 4

1 Aufgaben aus strukturierten Bildern ablesen und lösen; 2–3 zweistellige Zahlen vervielfachen, den Zusammenhang innerhalb eines Päckchens nutzen; 4 Aufgabenpaare ausrechnen, Ergebnisse addieren, Auffälligkeit begründen; 5 Zahlenfolgen fortsetzen; 6 Aufgabenstruktur nutzen E ▸ 46 AH ▸ 48 A ▸ 46

Sachaufgaben Multiplikation

1 Salat wird gepflanzt.

Kopfsalat

Endiviensalat

Lollo rosso und Lollo bionda

Bauer Berger hat Salatsetzlinge beim Großhandel bestellt.
In jeder Kiste sind 150 Setzlinge.

a) Wie viele Kopfsalate will Bauer Berger pflanzen?

b) Wie viele Endiviensalate sollen gepflanzt werden?

c) Wie viele Lollo-Salate sind es insgesamt?

d) Ein Setzling kostet 6 ct. Wie viel kostet eine Kiste?

2 Es ist Pflanztag.
Mit einer Pflanzmaschine werden die Setzlinge in die Erde gepflanzt.

a) In einer Minute pflanzt ein Pflanzhelfer durchschnittlich 18 Setzlinge.
Auf der Maschine sitzen 3 Pflanzhelfer.

b) Ein Pflanzhelfer verdient pro Stunde 12 €.
Am Pflanztag wird 8 Stunden gearbeitet.

c) Pflanzhelferin Birgit hat in einer Woche an 5 Tagen gearbeitet.

1 Informationen aus Bildern entnehmen, Fragen beantworten;
2 Zeitbedarf für die Pflanzung der Setzlinge bestimmen

E ▸ 47 AH ▸ 49 A ▸ 47

(3) **a)** Damit der Salat schneller wächst, wird er mit einer Folie abgedeckt. Der laufende Meter Folie kostet 2 €. Bauer Berger braucht 180 m.

b) Später wird noch ein Netz gegen Schädlinge über die Salate gelegt. Der laufende Meter kostet 3 €.

(4) Am frühen Morgen werden die Salate geerntet. In eine Kiste werden 16 Salatköpfe gepackt.

a) Bauer Berger schneidet täglich etwa 8 Kisten Kopfsalat und 6 Kisten Eichblattsalat.

b) Von Montag bis Samstag erntet er täglich 24 Kisten Salat.

(5) Ein Teil der Ernte wird im Hofladen direkt verkauft. Finde Aufgaben.

(6) Berechne die Mengen des Salatrezepts für deine Klasse.

Zutaten für einen bunten Sommersalat für 4 Personen	
100 g Kopfsalat	1 Bund Petersilie
100 g Lollo rosso	5 EL Öl
100 g Endiviensalat	2 EL Essig
2 Tomaten	Salz, Pfeffer
$\frac{1}{2}$ Salatgurke	1 Prise Zucker

3 Kosten berechnen; 4 Stückzahlen für die verschiedenen Salatsorten berechnen;
5 Verkaufspreise mit den Preisen für die Setzlinge vergleichen

E ▸ 47 AH ▸ 49 A ▸ 47

Division mit Zehnerzahlen

420 : 6
42 : 6

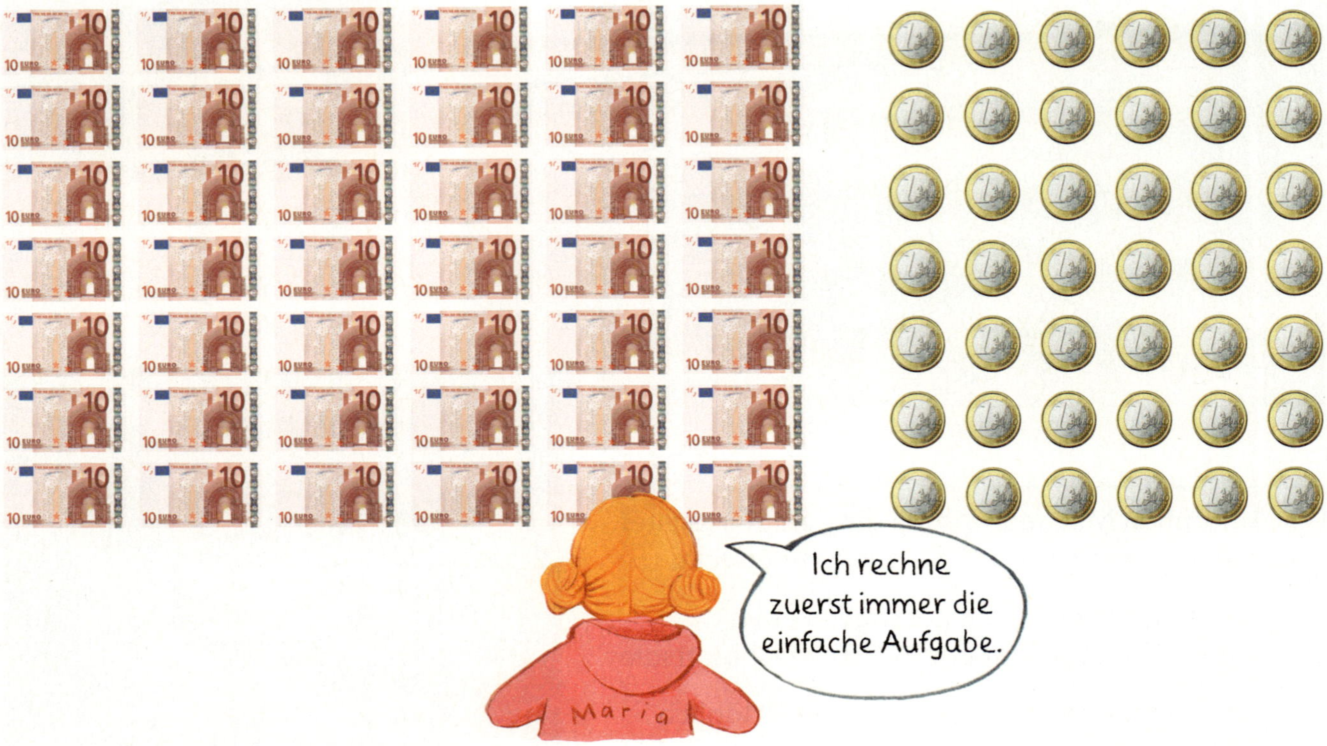

Immer zwei fast gleiche Aufgaben

1 **a)**

42 : 6	24 : 4	35 : 7	32 : 4	36 : 9
420 : 6	240 : 4	350 : 7	320 : 4	360 : 9

b)

32 : 8	21 : 3	40 : 5	54 : 6	64 : 8
320 : 8	210 : 3	400 : 5	540 : 6	640 : 8

2 **a)**

48 : 6	24 : 6	27 : 3	25 : 5	49 : 7
480 : 6	240 : 6	270 : 3	250 : 5	490 : 7

b)

36 : 4	56 : 8	42 : 7	63 : 9	32 : 4
360 : 4	560 : 8	420 : 7	630 : 9	320 : 4

3 3 Zahlen – 4 Aufgaben

a) 3 270 90

270 : 3 = 90
270 : 90 = ____
3 · 90 = 270
90 · 3 = ____

b) 200 4 50

200 : 4 = ____
200 : 50 = ____
4 · 50 = ____
50 · 4 = ____

c) 7 420 [ ]

420 : 7 = ____
420 : ____ = 7
7 · ____ = ____
____ · 7 = ____

d) 40 [ ] 320

320 : ____ = ____
320 : ____ = ____
____ · ____ = ____
____ · ____ = ____

1–2 Division durch Zehnerzahlen in Analogie zum kleinen Einsdurcheins durchführen; 3 Aufgabenfamilien mit Zehnerzahlen berechnen

E ▸ 48 AH ▸ 50 A ▸ 48

4 Fast gleiche Aufgaben

a) 24 : 3 — 54 : 6 — 45 : 5 — 72 : 8
240 : 30 — 540 : 60 — 450 : 50 — 720 : 80

b) 42 : 6 — 21 : 7 — 30 : 5 — 32 : 8
420 : 60 — 210 : 70 — 300 : 50 — 320 : 80

c) 18 : 3 — 48 : 8 — 72 : 9 — 100 : 10
180 : 30 — 480 : 80 — 720 : 90 — 1000 : 100

5
a) 350 : 50, 480 : 60, 270 : 30, 400 : 80
b) 280 : 70, 560 : 80, 180 : 20, 630 : 90
c) 320 : 40, 300 : 50, 240 : 80, 490 : 70
d) 720 : 80, 160 : 20, 250 : 50, 420 : 60
e) 200 : 40, 810 : 90, 360 : 60, 540 : 90

6 a)

:	3	6	9
180			
360			

b)

:	40	60	80
240			
480			

c)

:	20	40	80
160		4	
320			

7 a)

:	30		60
	4		
240		6	

b)

:		20	
140			2
	28	14	

c)

:	3		15
		30	
300			20

8 a) Für das Silber-Abzeichen muss Lea 400 m schwimmen. Wie viele 50-m-Bahnen sind das?

b) Mio ist 250 m geschwommen.

c) Max schafft schon 500 m.

d) Nina schwimmt 1000 m.

9 Am Blumenstand

a) Sina kauft 8 Tulpen. Sie bezahlt 5,60 €.

b) Marco kauft 5 Gerbera. Er muss 4,50 € bezahlen.

c) Frau Arens möchte 4 Tulpen und 6 Gerbera kaufen. Reichen 8 €?

10

4 Analogieaufgaben lösen; 5–7 durch Zehnerzahlen dividieren; 8 Anzahl der Bahnen durch Division bestimmen; 9 Einzelpreise/Preise für Zusammenstellungen errechnen; 10 verschiedene Zusammenstellungen für den genannten Preis finden E ▸ 48 AH ▸ 50 A ▸ 48

Halbschriftliches Dividieren

① Beschreibe die Lösungswege der Kinder.

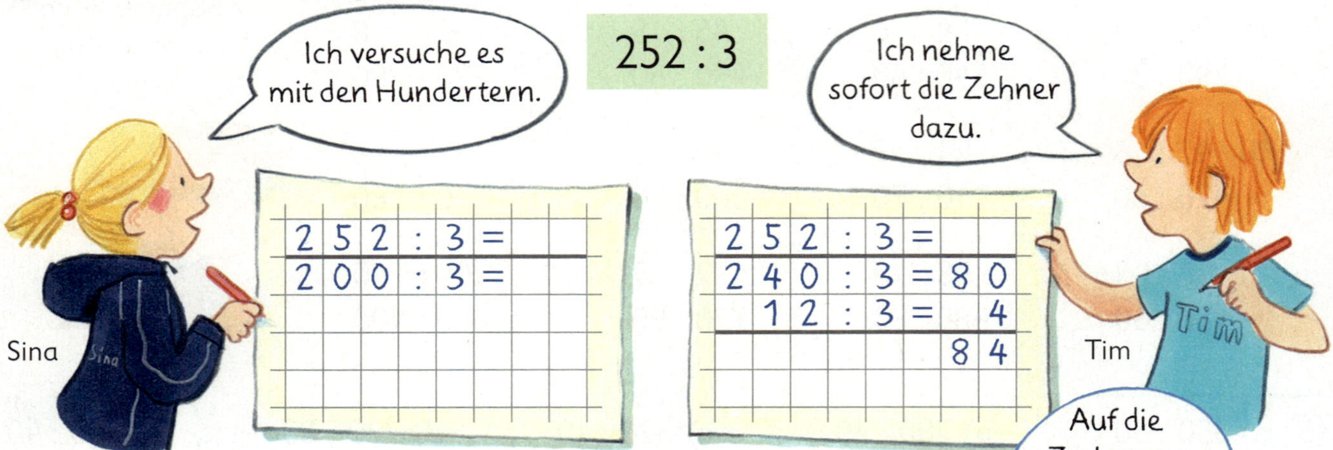

② Zerlege und rechne.

a)	b)	c)	d)	e)
48 : 3	75 : 5	126 : 3	288 : 6	342 : 3
64 : 4	84 : 3	248 : 4	512 : 8	342 : 6
90 : 6	91 : 7	475 : 5	189 : 7	342 : 9

13 15 15 16 16 27 28 38 42 48 57 62 64 73 95 114

③ Rechne auch die Probe.

S. 98, Nr. 3

		Probe:
a)	186 : 3 = 62	62 · 3 = 186
	180 : 3 = 60	60 · 3 = 180
	6 : 3 = 2	2 · 3 = 6

a)	b)	c)
186 : 3	637 : 7	423 : 9
428 : 4	328 : 8	208 : 8
654 : 6	232 : 4	294 : 3
355 : 5	234 : 6	392 : 7

26 39 41 47 56 58 62 71 89 91 98 107 109

④ Rechne geschickt. Löse zuerst die leichte Aufgabe.

a)	b)	c)	d)	e)
177 : 3	232 : 4	534 : 6	406 : 7	351 : 9
180 : 3	236 : 4	540 : 6	413 : 7	360 : 9
183 : 3	240 : 4	546 : 6	420 : 7	369 : 9

⑤

a)	b)	c)	d)	e)
297 : 3	738 : 6	702 : 9	496 : 8	297 : 3
396 : 4	620 : 5	608 : 8	512 : 8	352 : 4
495 : 5	500 : 4	518 : 7	528 : 8	385 : 5
___ : __	___ : __	___ : __	___ : __	___ : __

⑥ In der Großbäckerei

a) 840 Brötchen werden in Tüten zu je 6 Stück verpackt.

b) Jeweils 5 dieser Tüten werden in einen Karton gepackt.

c) Die Kartons werden mit jeweils 7 Stück gestapelt.

1 geschicktes Zerlegen in teilbare Summanden;
2–4 Übungsaufgaben; 5 Aufgaben lösen, Muster erkennen, Päckchen fortsetzen

E ▸ 49 AH ▸ 51 A ▸ 49

① a)

b) Die vier Klassen aus dem dritten und vierten Schuljahr haben zusammen beim Getränkestand 98 € eingenommen.

c) Die Cafeteria der vier Klassen der Schuleingangsstufe verbuchte 104 € Gewinn.

d) Pro Tisch wurden 4 € Standmiete veranschlagt. Die Gesamteinnahme betrug 272 €. Wie viele Tische waren aufgestellt?

e) Für alle 8 Klassen sollen Pausenspiele gekauft werden. Von den Einnahmen stehen insgesamt 450 € zur Verfügung.

② Rechne zuerst die Aufgaben ohne Rest.

a)	b)	c)	d)	e)
130 : 5	238 : 6	349 : 7	557 : 8	300 : 5
131 : 5	239 : 6	350 : 7	558 : 8	300 : 6
132 : 5	240 : 6	351 : 7	559 : 8	300 : 7
133 : 5	241 : 6	352 : 7	560 : 8	300 : 8

③ **a)** Finde Aufgaben und rechne sie aus.

b) Finde Aufgaben, die einen Rest haben.

539, 471, 282, 564 : 2, 6, 4, 3, 8

④ Notiere die passende Aufgabe.

a) Der dritte Teil von 324 ist …

b) Ein Viertel von 256 ist …

c) Ein Sechstel von 228 ist …

d) 67 ist der fünfte Teil von …

⑤ Bei der Salaternte

a) Bauer Berger erntet 350 Kopfsalate. Er verpackt sie in Kisten zu je 8 Stück Wie viele Kisten muss er bereitstellen?

b) 275 Eisbergsalate werden in Kisten zu je 6 Stück verpackt.

c) Insgesamt erntet der Bauer 280 Kisten Salat. Auf eine Palette passen immer 30 Kisten.

Punktrechnung vor Strichrechnung

1

Wer hat richtig gerechnet? Begründe. Beschreibe die Rechenwege der Kinder.
Erkläre, warum die Ergebnisse verschieden sind.

Punktrechnung (· , :) geht vor Strichrechnung (+ , –)!

3 + 6 · 7 =
3 + 42 = 45

2 Rechne aus. Achte auf die neue Regel.

a)	b)	c)	d)	e)
8 + 4 · 4	7 + 3 · 8	5 + 6 · 4	100 – 2 · 9	120 – 5 · 6
3 + 6 · 6	2 + 5 · 5	7 + 6 · 3	100 – 3 · 8	150 – 6 · 7
4 + 9 · 7	8 + 6 · 9	9 + 6 · 2	100 – 4 · 7	180 – 7 · 8

21 24 25 27 29 31 39 52 62 67 72 76 82 90 108 124

3 Auch hier gilt die Regel: Punkt- vor Strichrechnung!

S. 100, Nr. 3

a) 2 · 8 + 3 · 5 =
16 + 15 = 31

a)	b)	c)
2 · 8 + 3 · 5	4 · 7 + 3 · 8	7 · 9 – 2 · 9
2 · 6 + 4 · 7	6 · 8 + 7 · 7	8 · 8 – 3 · 8
5 · 8 + 2 · 4	8 · 9 + 9 · 3	9 · 7 – 4 · 7

35 39 40 40 42 45 48 52 97 99

4 Kontrolliere und finde die 6 Fehler.

5 · 3 + 7 = 22
8 + 6 · 6 = 44
30 – 8 · 3 = 66
7 · 6 – 4 = 14

6 · 2 + 4 · 3 = 24
5 · 6 – 8 = 22
9 + 4 · 2 = 26
8 · 7 – 2 = 40

4 · 7 + 3 = 40
8 · 8 – 5 = 59
50 – 3 · 3 = 41
5 · 8 + 2 = 50

5 24 = 2 · 7 + 2 · 5
24 = 4 · 9 – 2 · 6

Finde weitere Aufgaben für 24 mit vier Zahlen von 1 bis 9.

(1) Sind das wirkliche Angebote?

(2) Berechne jeweils den 100-g-Preis.

a)

400 g	200 g	100 g
1,60 €	0,80 €	

b)

c)

d)

(3) Welches Angebot ist günstiger?

a)

b)

c)

d)

(4) a) Anna kauft 4 Flaschen Apfelsaft.

b) Max soll 5 Liter Apfelsaft einkaufen.

c) Frau Meier kauft für den Urlaub je 3 große Packungen Butterkekse und Müsli.

d) Erfinde eine eigene Aufgabe.

1 Angebote eines Plakats durch Überschlag prüfen; 2 Preis für je 100 g berechnen, Tabelle als Werkzeug nutzen; 3 Angebote vergleichen; 4 Sachaufgaben lösen

E ▸ 50 AH ▸ 52 A ▸ 50

Klassenfahrt

Zwei dritte Klassen mit jeweils 30 Kindern einer Grundschule aus Düsseldorf möchten im Herbst eine Klassenfahrt in die Eifel machen.
Gemeinsam entscheiden sie, dass sie nach Urft fahren möchten.

① a) Überlegt gemeinsam, welche Reihenfolge für die Planung sinnvoll ist.

b) Schreibe die Fragen von den Zetteln als Liste geordnet in dein Heft.

c) Ergänze eigene Fragen und Planungsideen.

A Ist das Schullandheim Haus Dalbenden für Grundschulklassen geeignet?

B Wie ist Urft mit dem Zug erreichbar?

C Was kostet die Zugfahrt mit Gruppenticket für alle Kinder zusammen?

D In welcher Woche zwischen Anfang September und Ende Oktober ist Haus Dalbenden sicher noch frei?

E Was kostet der Aufenthalt pro Kind von Dienstag bis Freitag?

F Wie hoch sind die Kosten für die Fahrt mit einem Reisebus ungefähr?

G Wie viel Geld ist für Fahrten am Ort und für Eintritte nötig?

H Reichen 10 € Taschengeld?

I Mich interessiert noch …

(M) Mit Hilfe der rechten Schulbuchseite kannst du fast alle Fragen beantworten.

Ideen zum Programm
- Hallenbad (K)
- römische Wasserleitung (L)
- Kakushöhle (M)
- Naturschutzzentrum Nettersheim
- Freilichtmuseum Kommern
- Wildfreigehege Hellenthal
- Waldspielplatz

Überlegungen im Vorfeld einer Klassenfahrt nachvollziehen; 1 Planungsreihenfolge erarbeiten, eigene Fragen und Ideen einbringen, Frage m. H. der Informationen von S. 103 klären

E ▸ 51 AH ▸ 53 A ▸ 51

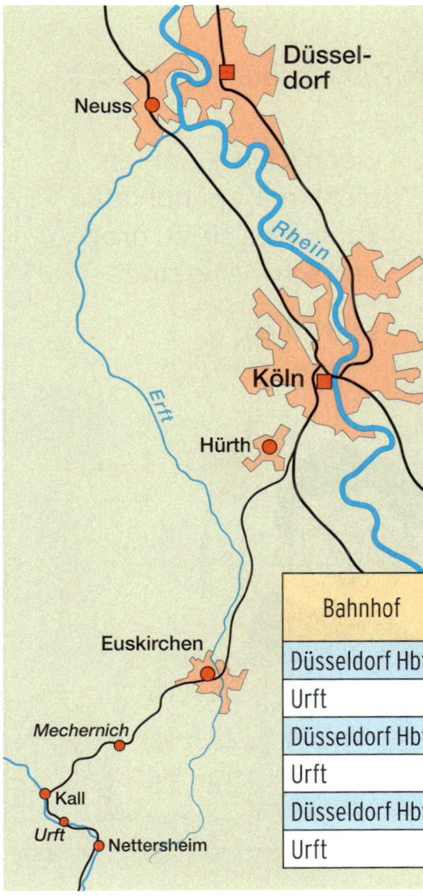

Bahnhof		Abfahrt Ankunft
Düsseldorf Hbf	ab	07:40
Urft	an	09:21
Düsseldorf Hbf	ab	09:49
Urft	an	11:21
Düsseldorf Hbf	ab	11:49
Urft	an	13:21

Bahnhof		Abfahrt Ankunft
Urft	ab	10:36
Düsseldorf Hbf	an	12:09
Urft	ab	11:21
Düsseldorf Hbf	an	13:11
Urft	ab	12:36
Düsseldorf Hbf	an	14:09

Belegungsplan Haus Dalbenden

	Sa	So	Mo	Di	Mi	Do	Fr	Sa	So	Mo	Di	Mi	Do	Fr	Sa	So	Mo	Di	Mi	Do	Fr	Sa	So	Mo	Di	Mi	Do	Fr	Sa	So	Mo
August	1	2	3	4	5	6	7	8	9	10	11	12	13	14	15	16	17	18	19	20	21	22	23	24	25	26	27	28	29	30	31

	Di	Mi	Do	Fr	Sa	So	Mo	Di	Mi	Do	Fr	Sa	So	Mo	Di	Mi	Do	Fr	Sa	So	Mo	Di	Mi	Do	Fr	Sa	So	Mo	Di	Mi
Sept.	1	2	3	4	5	6	7	8	9	10	11	12	13	14	15	16	17	18	19	20	21	22	23	24	25	26	27	28	29	30

	Do	Fr	Sa	So	Mo	Di	Mi	Do	Fr	Sa	So	Mo	Di	Mi	Do	Fr	Sa	So	Mo	Di	Mi	Do	Fr	Sa	So	Mo	Di	Mi	Do	Fr	Sa
Okt.	1	2	3	4	5	6	7	8	9	10	11	12	13	14	15	16	17	18	19	20	21	22	23	24	25	26	27	28	29	30	31

	So	Mo	Di	Mi	Do	Fr	Sa	So	Mo	Di	Mi	Do	Fr	Sa	So	Mo	Di	Mi	Do	Fr	Sa	So	Mo	Di	Mi	Do	Fr	Sa	So	Mo
Nov.	1	2	3	4	5	6	7	8	9	10	11	12	13	14	15	16	17	18	19	20	21	22	23	24	25	26	27	28	29	30

Legende: Feiertag frei teilweise belegt belegt

Schullandheim Haus Dalbenden in Urft Nationalpark Eifel	
Bettenzahl	Schüler: 97 in 20 Schlafräumen Lehrer: 8
Geeignet für	bis 3 Schulklassen, besonders für Grundschulklassen; Familienfreizeit, Jugendgruppen, Vereine (Sport, Musik …)
Räume	1 Speiseraum, 4 Tagesräume
Sportmöglichkeiten am Haus	Turnhalle und Gymnastikraum, Spielwiese, Bolzplatz, Rundlauf, Tischtennis, Basketball

Preise pro Person für Übernachtung und 3 Mahlzeiten		
	Hauptsaison März bis Okt.	**Nebensaison** Nov. bis Febr.
In der Woche		
bei 4 Tagen	23,00 €	22,00 €
bei 3 Tagen	24,00 €	23,00 €
bei 1–2 Tagen	25,00 €	24,00 €
Wochenendgruppen		
Erwachsene	26,50 €	25,50 €
Kinder (4–12 Jahre)	23,00 €	22,00 €
Kinder (bis 3 Jahre)	5,50 €	5,50 €
Bettwäsche	5,50 €	

E ▶ 51 AH ▶ 53 A ▶ 51

Was wir wissen und können

Rechnen mit Zahlen

① Ich verstehe, wie unser Zahlsystem aufgebaut ist, und kann im Zahlenraum bis 1000 und darüber hinaus rechnen:

– wenn ich die Zahlen gut überblicken kann – **im Kopf,**

– wenn ich in Schritten rechne und mir Zwischenergebnisse merken muss – **halbschriftlich,**

– wenn ich die Zahlen nicht im Kopf behalten kann, weil sie zu groß und schwierig sind – **schriftlich.**

Wie gehst du vor?

698 + 237
456 + 374
239 + 678
387 + 423

935 – 427
923 – 587
813 – 564
614 – 476

$12 \cdot 15$
$12 \cdot 17$
$12 \cdot 19$

$15 \cdot 18$
$18 \cdot 15$
$16 \cdot 18$

$21 \cdot 15$
$22 \cdot 15$
$22 \cdot 16$

Rechnen mit Größen

② Ich kenne verschiedene Größenbereiche. Sie sind im Alltag oft aufeinander bezogen. Ich kann mit Größen rechnen.

Geld | Längen | Zeit | Gewichte | Füllmengen

Wege brauchen Zeit.
Je weiter der Weg,
desto länger ________ .

a) Max braucht für 100 m 1 Minute.
Wie weit kommt er in einer Stunde?

b) Lea bekommt für das Austragen der Wochenzeitungen 24 €. Sie arbeitet dafür 4 Stunden. Ihr großer Bruder schafft dieselbe Arbeit in 3 Stunden.
Wie hoch ist der Stundenlohn für Lea?
Wie hoch ist der Stundenlohn ihres Bruders?

Waren kosten Geld.
Je mehr ________
desto mehr ________ .

c)

ml pro Glas	500	250	200	100	50
Anzahl					

1 Orientierung im erarbeiteten Zahlenraum und Sicherheit bei der Ausführung von Operationen nachweisen; **2** Operationen in verschiedenen Größenbereichen durchführen

E ▸ 52 AH ▸ 54 A ▸ 52

Tabellen und Diagramme

3

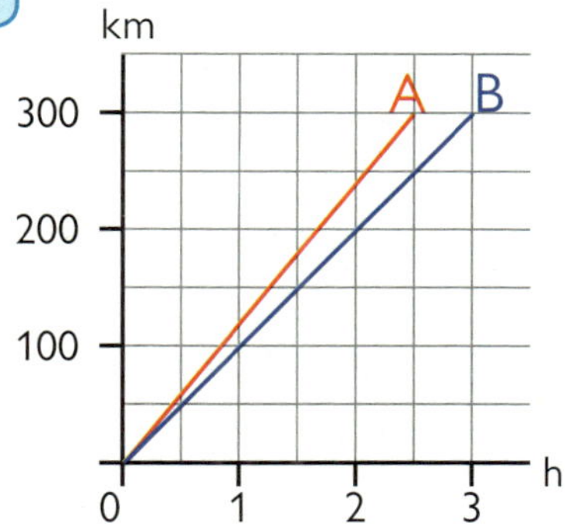

Die Familien A und B machen einen Wochenendausflug.
Das Ziel ist 300 km entfernt.

Lies ab.
Familie A ist nach ___ h am Ziel.
Familie B …

a) Lea kauft 3 Doppelpacks.
Wie hoch ist der Preis für eine Tafel Schokolade?

b) Kann Lea 1 Tafel zu diesem Preis kaufen?

Menge	Preis

Auf einem Parkplatz stehen 240 Autos in den Farben Rot, Blau, Grün und Schwarz. Nur 20 Autos sind schwarz, dreimal so viele sind rot. Von den beiden anderen Farben gibt es gleich viele.
Stelle deine Lösung als Streifendiagramm dar.

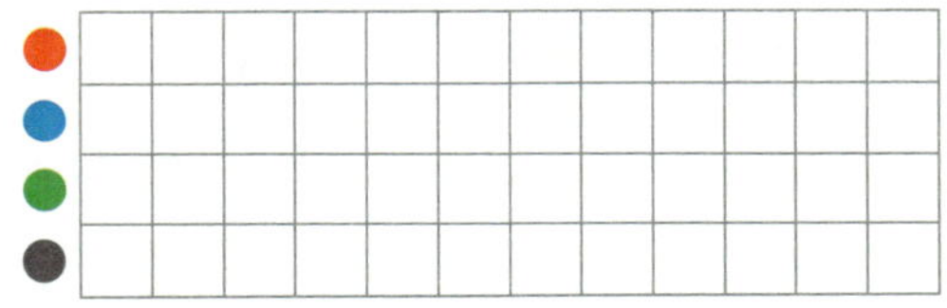

☒ = 10 Autos

Uhr als Zeichenwerkzeug

4 Markiere die Punkte für ein Sechseck mit gleich langen Seiten.

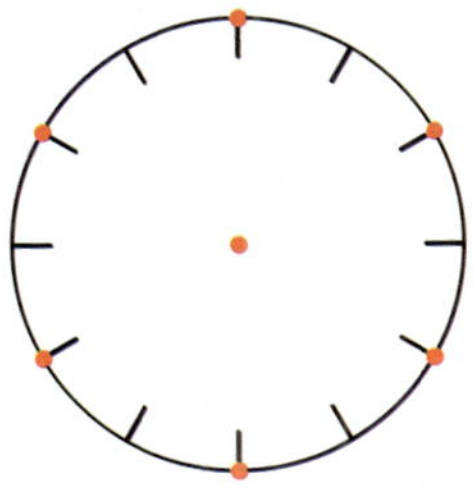

Zeichne das Sechseck.

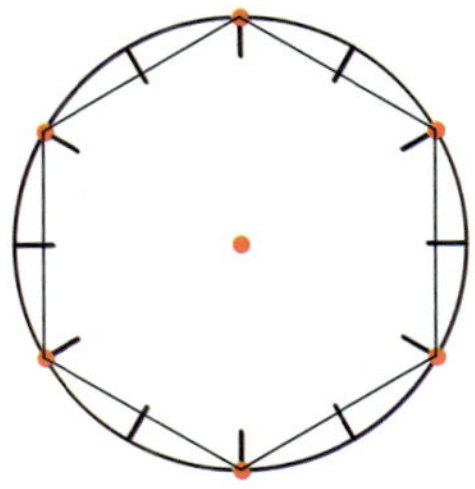

Verbinde jeden zweiten roten Punkt mit dem Mittelpunkt.

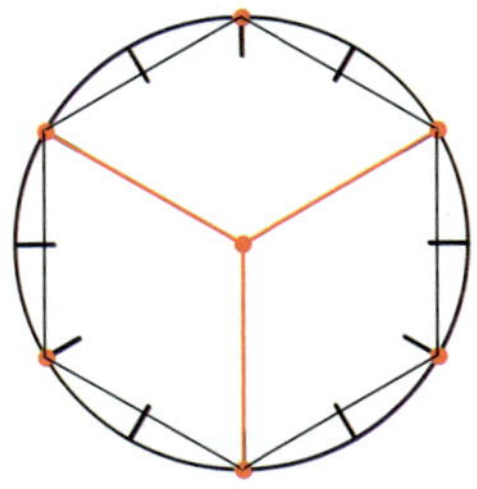

Verbinde die Punkte zum Sechseck.
Wie siehst du den Würfel? Male die Deckflächen aller Würfel rot an.

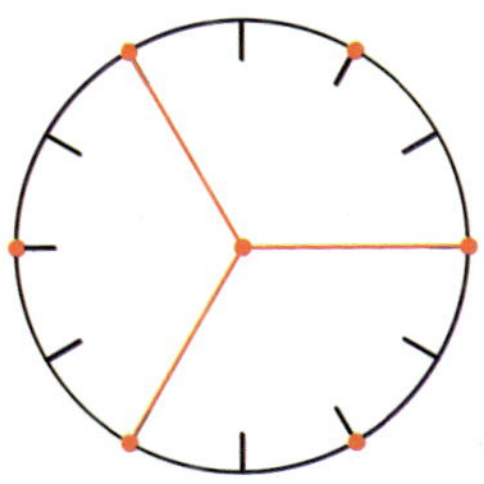

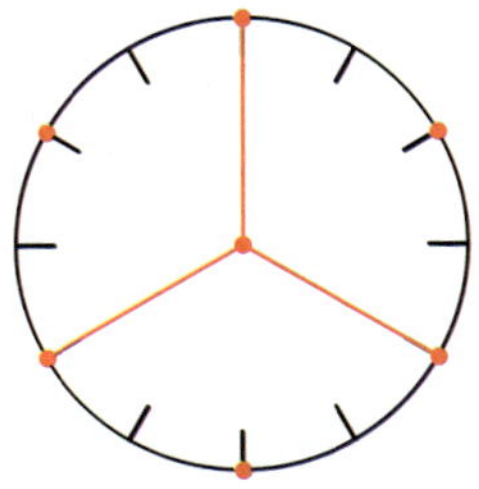

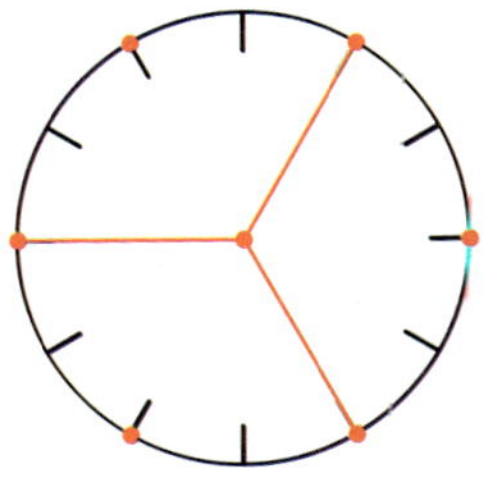

3 Tabellen und Diagramme lesen, verstehen, nutzen; 4 Zifferblatt der Uhr als Zeichenwerkzeug nutzen, perspektivische Ansicht des Würfels skizzieren

E ▸ 52 AH ▸ 54 A ▸ 52

Das kann ich schon!

① a) Multiplikation im Kopf und halbschriftlich

4 · 70	8 · 40	3 · 24	2 · 446
5 · 80	7 · 50	5 · 56	3 · 284
6 · 90	6 · 60	6 · 37	5 · 157

b) Vergleiche die Päckchen, bevor du anfängst. Ergänze.

3 · 26	6 · 26	4 · 108	8 · 108
3 · 54	6 · 54	4 · 113	8 · 113
3 · 75	6 · 75	4 · 118	8 · 118

c) Schreibe die Zahlenfolgen vollständig auf.

70, 140, ____, ____, ____, ____, ____, ____, ____, 700.

____, ____, 205, 270, ____, ____, ____, ____, ____, ____.

d) Schreibe die Aufgaben in der Reihenfolge, in der du sie rechnest. Beginne bei der einfachsten Aufgabe.

7 · 78	4 · 186	6 · 157	4 · 236
5 · 78	2 · 186	5 · 157	4 · 230
2 · 78	6 · 186	3 · 157	4 · 224

e) Bilde jeweils die Summe der beiden Ergebnisse und schreibe dazu eine passende Aufgabe.

2 · 30	6 · 70	4 · 50	2 · 90	4 · 67	5 · 14
8 · 30	4 · 70	6 · 50	8 · 90	4 · 133	5 · 186

② Verschiedene Rechenzeichen in einer Aufgabe

a) Schreibe die Regel auf. 3 + 4 · 7 4 · 7 + 3

b) Achte beim Lösen auf die Regel.

3 + 4 · 7	35 − 3 · 9
6 + 5 · 5	43 − 7 · 5
7 + 6 · 4	36 − 4 · 7

c) Überprüfe. Korrigiere.

15 + 3 · 9 = 90	6 + 3 · 6 = 4 · 6
19 − 2 · 5 = 7	8 + 5 · 8 = 8 · 5
27 + 9 · 7 = 108	9 + 6 · 9 = 7 · 9

c) Ahmet kauft Getränke.
Schreibe die passenden Aufgaben.

1 Sicherheit beim Multiplizieren (auch von Zehnerzahlen) nachweisen; 2 Punkt vor Strich als Rechenregel beachten

E ▶ 53 A ▶ 53

③ **a)** Division im Kopf und halbschriftlich

300 : 50	360 : 40	480 : 60	280 : 40
360 : 60	540 : 60	560 : 70	490 : 70
420 : 70	720 : 80	720 : 90	630 : 90

b) Vergleiche die Päckchen, bevor du anfängst. Ergänze.

240 : 40	270 : 30	240 : 40	270 : 30
300 : 50	360 : 40	300 : 50	360 : 40
360 : 60	540 : 60	360 : 60	540 : 60

c) Schreibe die Zahlenfolgen vollständig auf.

800, 720, 640, ___, ___, ___, ___, ___, ___, ___.

___, ___, ___, 315, 270, ___, ___, ___, ___, ___.

d) Was fällt dir auf? Beschreibe. Finde eigene Beispiele.

360 : 40	480 : 80	720 : 90	630 : 70	___ : 60
240 : 40	160 : 80	360 : 90	490 : 70	___ : ___
120 : 40	320 : 80	___ : ___	___ : ___	___ : ___

d) Rechne geschickt. Vervollständige die Päckchen.

872 : 8	912 : 2	945 : 3	756 : 2
763 : 7	912 : 4	945 : 5	756 : 4
654 : 6	912 : 6	945 : 7	756 : 7

④ **Teiler und Vielfache**

a) Welche Zahlen sind gemeinsame Teiler von 18 und 24?

b) Finde alle Vielfachen
- von 6, die größer als 45 und kleiner als 70 sind,
- von 4, die nicht Vielfache von 8 sind.

c) Finde zwei Zahlen, die außer der 1 drei gemeinsame Teiler besitzen.

d) Meine Zahl liegt zwischen 10 und 20. Sie ist Teiler von 60 und Vielfaches von 5.

Welche Zahlen sind kleiner als 20 und haben genau 6 Teiler?

Meine Zahl ist größer als 20 und kleiner als 29 und hat genau 2 Teiler.

3 Sicherheit beim Dividieren (auch durch Zehnerzahlen) nachweisen;
4 Teiler und Vielfache bestimmen, Zahlenrätsel lösen

E ▸ 53 A ▸ 53

Ungleichungen

(1) Wie viele Kartoffelsäcke dürfen höchstens aufgeladen werden?

__ · 50 kg < 420 kg

(M) Aufgaben mit > oder < nennt man Ungleichungen.

(2) Welche Zahlen passen?
Notiere alle möglichen Ungleichungen.

S. 108, Nr. 2

a)	0	·	2	0	<	1	0	0
	1	·	2	0	<	1	0	0
	2	·	2	0	<	1	0	0
	3	·	2	0	<	1	0	0
	4	·	2	0	<	1	0	0

a) __ · 20 < 100
b) __ · 30 < 200
c) __ · 40 < 250
d) __ · 60 < 450
e) __ · 50 < 300
f) __ · 80 < 500
g) __ · 70 < 390
h) __ · 90 < 450
i) __ · 25 < 150
j) __ · 150 < 750
k) __ · 175 < 800
l) __ · 125 < 1000

Setze ein: <, > oder =

(3)

a)	b)	c)	d)
4 · 40 ◯ 320	6 · 50 ◯ 250	10 · 100 ◯ 999	4 · 100 ◯ 500
5 · 40 ◯ 320	5 · 50 ◯ 250	9 · 100 ◯ 999	4 · 125 ◯ 500
6 · 40 ◯ 320	4 · 50 ◯ 250	30 · 30 ◯ 999	4 · 150 ◯ 500
7 40 ◯ 320	3 · 50 ◯ 250	20 · 50 ◯ 999	3 · 150 ◯ 500
8 40 ◯ 320	2 · 50 ◯ 250	10 · 90 ◯ 999	2 · 250 ◯ 500
9 · 40 ◯ 320	10 · 25 ◯ 250	3 · 333 ◯ 999	5 · 110 ◯ 500

(4)

a)	b)	c)	d)
500 : 5 ◯ 70	400 : 8 ◯ 60	240 : 3 ◯ 90	360 : 10 ◯ 40
450 : 5 ◯ 70	480 : 8 ◯ 70	240 : 4 ◯ 50	360 : 12 ◯ 30
400 : 5 ◯ 70	480 : 6 ◯ 80	240 : 6 ◯ 40	360 : 20 ◯ 20
350 : 5 ◯ 70	560 : 7 ◯ 90	240 : 8 ◯ 40	360 : 30 ◯ 10
300 : 5 ◯ 70	630 : 9 ◯ 70	240 : 10 ◯ 20	360 : 60 ◯ 5
250 : 5 ◯ 70	700 : 7 ◯ 90	240 : 12 ◯ 15	360 : 120 ◯ 3

1 den Begriff Ungleichung verstehen lernen;
2 Lösungsmengen bestimmen; 3, 4 Relationszeichen einsetzen

E ▸ 54 AH ▸ 55 A ▸ 54

⑤

⑥ <, > oder = ?

a) 55 min ◯ 1 h
65 min ◯ 1 h
90 min ◯ 2 h
100 min ◯ 2 h
___ min = 2 h

b) 4 h ◯ 200 min
3 h ◯ 200 min
4 h ◯ 300 min
10 h ◯ 500 min
12 h = ___ min

c) 30 min + 90 min ◯ 2 h
70 min − 45 min ◯ $\frac{1}{2}$ h
60 min + 10 min ◯ 1 h
200 min − 50 min ◯ 2 h
200 min + ___ min = 4 h

⑦ Herr Schwarz möchte sein Haus renovieren.

a) Er braucht insgesamt 43 m Fußleisten.
Im Baumarkt gibt es Fußleisten in 2 m Länge.

b) Für den Fußboden benötigt er etwa 280 Fliesen.
In einem Paket sind immer 25 Fliesen.

c) Er benötigt auch noch 70 m Kabel. Es gibt ein Angebot für 25 € je 20 m. Reichen 100 €?

⑧ a) 4 · 7 + 3 · 7 ◯ 7 · 7
2 · 6 + 6 · 6 ◯ 7 · 6
5 · 8 − 2 · 8 ◯ 6 · 4
7 · 9 − 4 · 9 ◯ 30

b) 4 · 6 + 40 ◯ 8 · 8
5 · 5 + 35 ◯ 7 · 9
9 · 9 − 50 ◯ 6 · 5
8 · 7 − 40 ◯ 4 · 4

c) 5 · 7 + 8 ◯ 5 + 7 · 8
3 + 6 · 4 ◯ 3 · 6 + 4
8 − 3 · 2 ◯ 8 · 3 − 2
10 · 4 − 7 ◯ 10 − 4 · 7

⑨ Setze passende Zahlen ein.

a) 3 · 250 < 1000 − ___
2 > 1000 − ___
6 · 90 < 500 + ___
4 · 60 > 240 + ___

b) 150 · 4 < 600 + ___
480 : 6 > 250 − ___
999 < 100 · ___
30 · 9 < 280 + ___

c) 20 · 50 > 750 + ___
850 − ___ > 300 · 3
222 + 444 < 70 · ___
720 : 8 < 500 − ___

d) 670 < 250 + ___
710 − ___ > 2 · 250
888 : 2 < 333 + ___
560 : 7 > 240 : ___

5 Gesprächsanlass, Frage entwickeln; 6 und 8 Relationszeichen einsetzen;
7 Sachaufgaben lösen; 9 Einsetzungen so vornehmen, dass eine wahre Aussage entsteht

E ▶54 AH ▶55 A ▶54

Zufall: Würfeln

Spielt man mit zwei Würfeln, so kann man für die Augenzahl verschiedene Gewinnregeln festlegen.

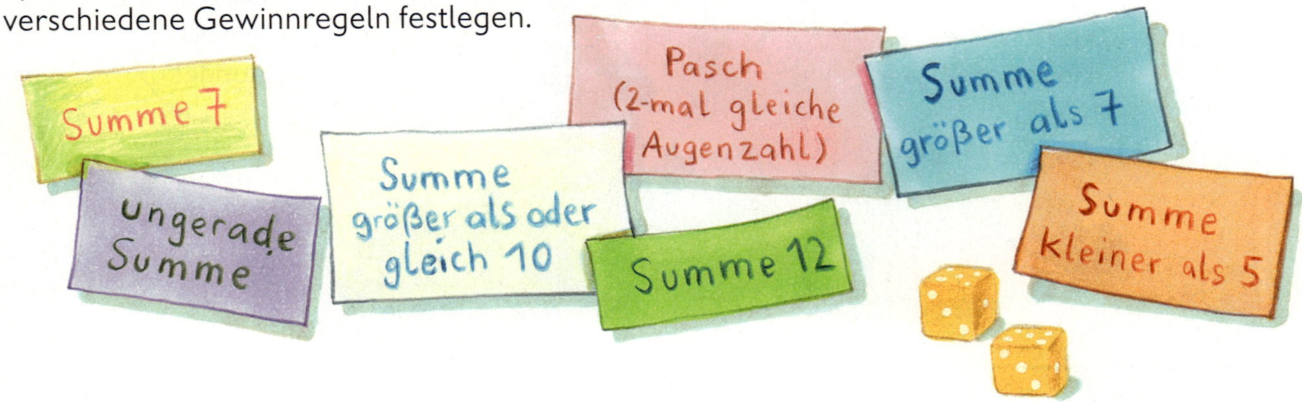

① **a)** Würfelt mit 2 Würfeln zu jeder Regel 20-mal. Legt jeweils eine Strichliste an. Was findet ihr heraus?

b) Vergleicht die Häufigkeiten für die verschiedenen Gewinnregeln. Welche Regeln haben eine höhere Wahrscheinlichkeit? Welche treten nur selten auf?

c) Erfindet weitere Gewinnregeln und notiert diese auf Zetteln. Sortiert die Zettel nach ihren Gewinnchancen.

② Wer gewinnt?

Die Spieler dieses Spiels müssen mit der Summe der beiden Würfel genau auf den Zielpunkt gelangen.

a) Gibt es einen Spieler, der sicher gewinnt?

b) Bei welchen Spielsteinen ist der Gewinn möglich?

c) Bei welchem Spielstein ist die Wahrscheinlichkeit zu gewinnen am höchsten?

d) Welcher Spieler gewinnt sicher nicht im nächsten Spielzug?

1 Regeln für Würfelspiele erproben, Strichlisten führen, Häufigkeiten beobachten, für Prognosen nutzen; 2 sicher, möglich, unmöglich

E ▸ 55 AH ▸ 56 A ▸ 55

① Im Bus

a) Eva, Max und Nele steigen in den Schulbus ein. Auf der hinteren Sitzbank sind noch drei Plätze nebeneinander frei. Wie viele Möglichkeiten haben die drei Kinder, sich nebeneinanderzusetzen?

b) Wie viele Möglichkeiten der Sitzordnung gibt es, wenn außerdem noch Ahmet mit einsteigt?

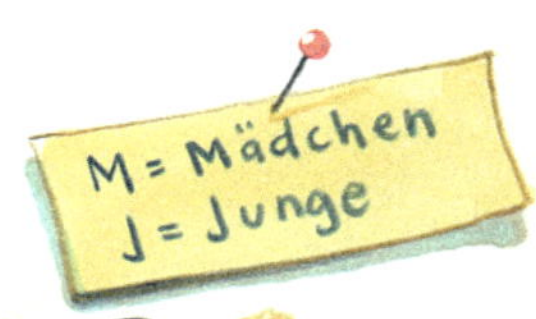

② a)

b)

c)

Die Kinder einer Klasse probieren aus, wie sie sich zu fünft nebeneinander auf die Bank setzen können. Die Mädchen möchten dabei immer neben einem anderen Mädchen sitzen. Welche Möglichkeiten der Sitzordnung gibt es?

1 Anzahl der möglichen Anordnungen für 3, 4 Kinder finden;
2 Anzahl der Möglichkeiten für entsprechende Anordnungen finden

E ▸ 55 AH ▸ 56 A ▸ 55

Kombinatorik

① a) Zwei Kinder begrüßen sich.
Es werden einmal
die Hände geschüttelt.

b) Wenn sich vier Kinder begrüßen,
werden ____ mal die Hände geschüttelt.

c) Nun treffen 6 Kinder zusammen.
Wie oft werden die Hände geschüttelt, bis jeder jeden begrüßt hat?

Nina legt eine Tabelle an:

	1	2	3	4	5	6
1		X	X	X	X	X
2			X	X	X	X
3				X	X	X
4					X	X
5						X
6						

Lea macht eine Skizze:

Jan schreibt auf:

Kind 1 schüttelt 5 Kindern die Hand.
Also: 5-mal Hände schütteln — 5

Kind 2 schüttelt 4 Kindern die Hand
(Kind 1 hat es ja schon begrüßt).
Also: 4-mal Hände schütteln — 5 + 4

Kind 3 … — 5 + 4 + _

1 Tabelle, Skizze, Notizen als Werkzeuge bei der Bestimmung der Anzahl des Händeschüttelns von 6 Kindern nutzen

E ▸ 56 AH ▸ 57 A ▸ 56

Glücksrad

1 Stelle mit Hilfe der Anleitung ein Glücksrad her.

Bastelanleitung
Schneide ein Quadrat mit der Seitenlänge 7 cm aus Pappe aus. Ziehe mit einem Lineal Linien wie in der Abbildung. Schneide das Achteck aus und stecke einen Zahnstocher durch die Mitte.

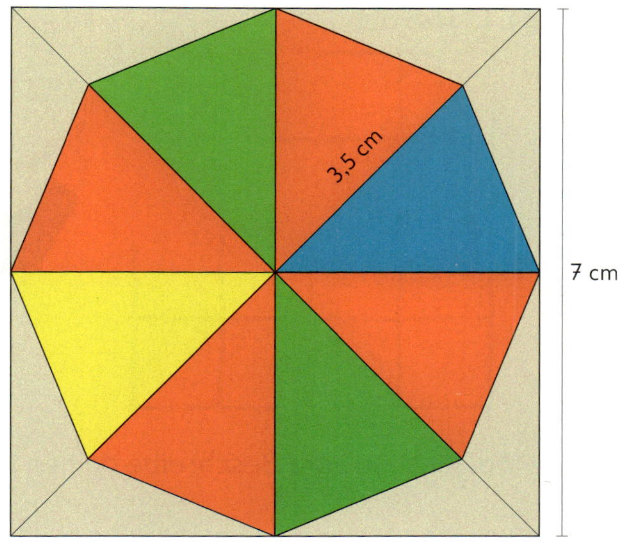

2 Drehe mit einem Partner das Glücksrad mindestens 20 mal.
Legt eine Tabelle an und tragt eure Ergebnisse ein.
Was stellt ihr fest? Begründet.

Rot	Grün	Gelb	Blau
III	I		I

3 A B C D

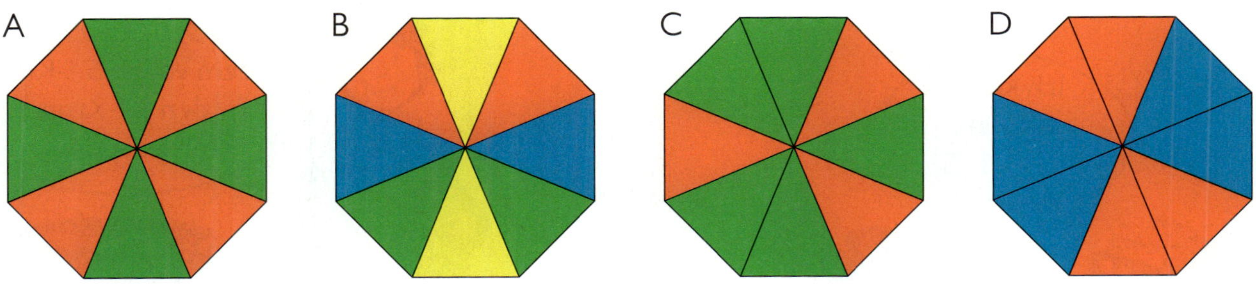

Welches Glücksrad kann es sein?
Schreibe die entsprechenden Buchstaben in dein Heft.

a) Die Chancen für die vorkommenden Farben sind gleich.

b) Die Chancen für Grün sind größer.

c) Die Chancen für Blau sind größer.

d) Gelb kommt auf keinen Fall!

4 Stelle ein Glücksrad nach diesen Regeln her:
- Es sollen 3 Farben vorkommen.
- Jede Farbe erhält mindestens 2 Felder.
- Zwei Farben sollen höhere Chancen haben als die dritte.

2 Zufallsversuch durchführen und als Strichliste festhalten, nach Begründungen suchen; 3 Chancen begründet einschätzen

E ▸ 56 AH ▸ 57 A ▸ 56

Knobelaufgaben

① Bestimme die Anzahl aller sichtbaren

a) Quadrate

b) Dreiecke

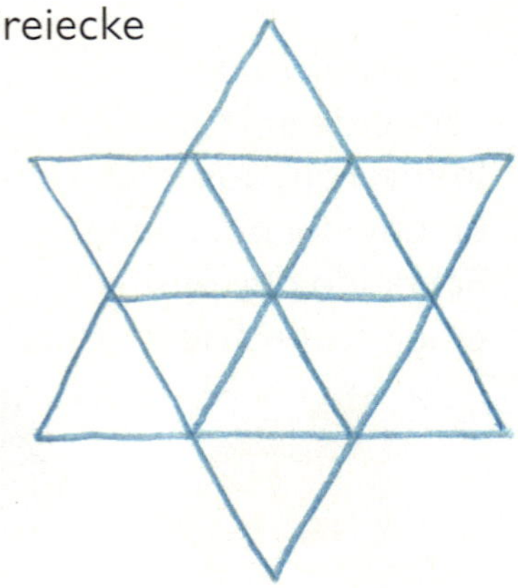

Wie gehst du vor? Beschreibe deinen Lösungsweg.

② In einer Kiste sind 15 Bälle in den Farben Rot, Blau und Gelb.
Die Anzahl der roten Bälle ist 7-mal so groß wie die der blauen.
Wie viele gelbe Bälle sind in der Kiste?

Notiere deinen Lösungsweg.

③

Überprüfe Super Ms Behauptung. Lege eine Tabelle an.

Liter	10 l	9 l	8 l	7 l	6 l
Gefäß					

1 Anzahl aller sichtbaren Quadrate/Dreiecke bestimmen, Lösungsweg dokumentieren;
2 Anzahl der gelben Bälle bestimmen; 3 mit den beiden Krügen beliebige Anzahlen von Litern erzeugen

E ▸ 57 AH ▸ 58 A ▸ 57

4 Setze die Muster fort.

a)

b)

5 Setze fort. Wie lautet jeweils die Regel für die Zahlenfolgen?

a)

36	72	108							

b)

4	10	9	15	14					

c)

16	32	30	60	58					

6 Wie viele Quadrate werden jeweils benötigt, um die Würfel vollständig zu bekleben? Wie gehst du vor? Beschreibe. Was fällt dir auf?

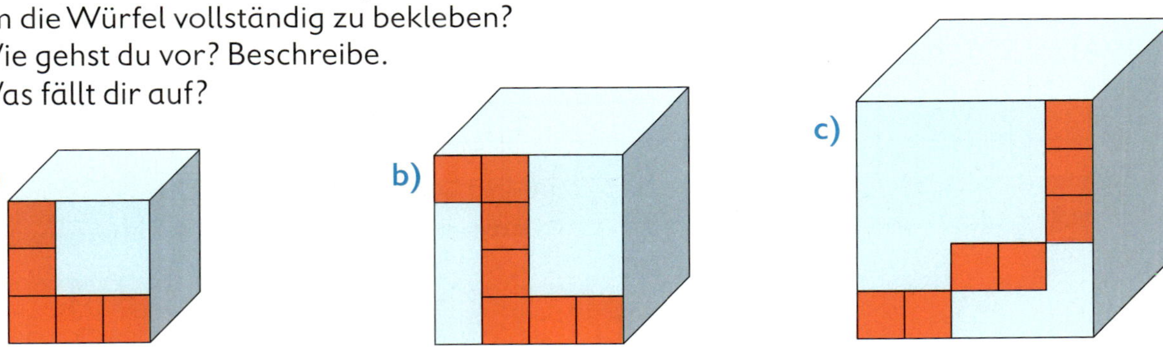

7 Bestimme die Anzahl der kleinen Dreiecke.

a) Wie geht es weiter? Notiere die Regel für die Folge in dein Heft.

b) Wie heißen die Ergebniszahlen?

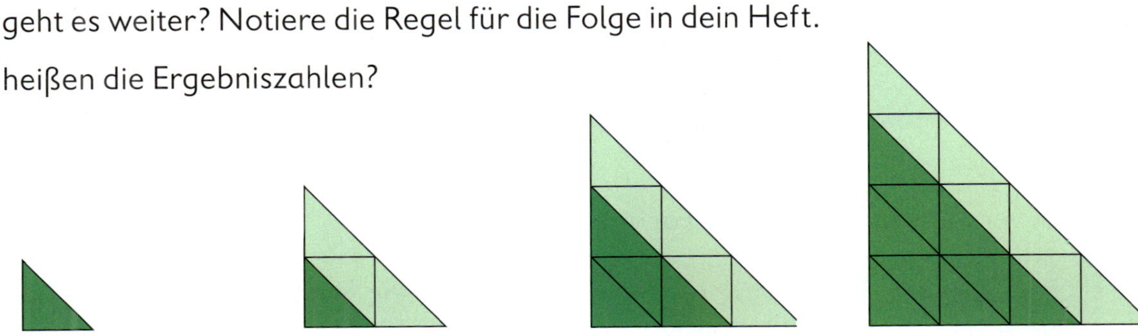

1	1 + 3	1 + 3 + ___	1 + 3 + ___ + ___
1	4	___	___

5 Zahlenfolgen fortsetzen, Regeln angeben; 6 Anzahl der Einheitsquadrate bestimmen, die zum Bekleben nötig wären; 7 Folge erkennen, beschreiben, rechnerisch fortsetzen

E ▸ 57 AH ▸ 58 A ▸ 57

Das kann ich jetzt – Addition

① Ich beherrsche die schriftliche Addition. Ich entscheide, welche Aufgaben ich schriftlich und welche ich im Kopf löse.

a)	b)	c)	d)
244 + 755	478 + 296	75 + 925	276 + 368
420 + 380	399 + 301	175 + 178	525 + 225
539 + 243	238 + 355	248 + 363	370 + 111
198 + 357	235 + 235	404 + 505	718 + 183

② Ich kann Lösungen schnell und sicher prüfen.

a)	b)
324 + 590 = 914	418 + 437 = 855
286 + 444 = 734	273 + 375 = 648
167 + 233 = 500	629 + 153 = 882

③ Ich habe das schriftliche Verfahren verstanden.

a)

		4	8
+	4		1
	7	9	9

b)

	3		
+	2	9	3
	6	6	8

c)

	4	2	6
+	4	8	
		1	0

d)

	5		7
+			
	8	3	3

e)

		9	
+	2	8	8
	4		7

④ Ich kann hin und her rechnen.

Addition

275 + ____ = 600
____ + 599 = 1000
345 + ____ = 750

⑤ Ich verstehe und verwende Fachbegriffe.

Addiere 440 und 280.

Wie groß ist die Summe aus 250 und 625?

Bilde die Summe aus 432 und 234.

Wie lautet der erste Summand, wenn der zweite 345 und die Summe 850 ist?

inhaltliche und prozessbezogene Kompetenzen zur Addition nachweisen, ggf. Förderbedarf feststellen, individuelle Förderung einleiten

E ▸ 58 AH ▸ 59 A ▸ 58

Das kann ich jetzt – Subtraktion

① Ich beherrsche die schriftliche Subtraktion. Ich entscheide, welche Aufgaben ich schriftlich und welche ich im Kopf löse.

a)	b)	c)	d)
834 – 222	1000 – 999	453 – 289	499 – 250
651 – 195	989 – 575	571 – 183	852 – 284
785 – 235	421 – 148	666 – 222	639 – 395
555 – 167	876 – 256	950 – 499	1000 – 585

② Ich kann Lösungen schnell und sicher prüfen.

a) 999 – 450 = 548
728 – 374 = 354
684 – 264 = 520

b) 584 – 284 = 299
350 – 195 = 145
835 – 760 = 75

③ Ich habe das schriftliche Verfahren verstanden.

a)				b)				c)				d)				e)			
	7	3				5	1				3		5	3	1			2	
–	2		4	–	3	9		–	2	8	9	–	1			–	6		1
	4	5	1		2		2		5	7			3	4	4			4	4

④ Ich kann hin und her rechnen.

Subtraktion

999 – ____ = 666
____ – 175 = 825
850 – ____ = 225

⑤ Ich verstehe und verwende Fachbegriffe.

Subtrahiere 155 von 475.

Wenn ich von einer Zahl 157 subtrahiere, erhalte ich 289.

Bilde die Differenz zwischen 655 und 299.

Ziehe von 478 199 ab.

inhaltliche und prozessbezogene Kompetenzen zur Subtraktion nachweisen, ggf. Förderbedarf feststellen, individuelle Förderung einleiten

E ▸ 58 AH ▸ 59 A ▸ 58

Das kann ich jetzt – Multiplikation

① Ich beherrsche das kleine Einmaleins und kann Zehner- und Hunderterzahlen vervielfachen.

a)	b)	c)	d)	e)
6 · 8	4 · 7	9 · 7	7 · 8	5 · 9
6 · 80	4 · 70	9 · 70	7 · 80	5 · 90
60 · 8	40 · 7	90 · 7	70 · 8	50 · 9
6 · 108	4 · 107	9 · 107	7 · 108	5 · 109

② Ich kann verschiedene Rechenwege finden und darstellen.

6 · 38

6 · 30 = 180
6 · 8 = 48
180 + 48 = 228

6 · 40 = 240
6 · 2 = 12
240 – =

5 · 38 =
1 · 38 = 38
+ =

a)	b)	c)	d)
7 · 43	4 · 29	5 · 99	7 · 59
3 · 78	6 · 68	6 · 56	6 · 76
8 · 37	9 · 57	4 · 84	4 · 128

③ Ich kann Lösungen schnell und sicher prüfen.

a)	b)
4 · 123 = 392	7 · 81 = 569
8 · 68 = 540	211 · 4 = 845
5 · 25 = 125	120 · 6 = 730
4 · 206 = 924	303 · 3 = 990

④ Ich kann hin und her rechnen.

Multiplikation

4 · ___ = 140
___ · 22 = 110
6 · ___ = 294

⑤ Ich verstehe und verwende Fachbegriffe.

Multipliziere 8 und 78.

Wie groß ist das Produkt aus 207 und 3?

Vervierfache die Summe aus 35 und 27.

Meine Zahl ist doppelt so groß wie das Produkt aus 6 und 25.

inhaltliche und prozessbezogene Kompetenzen zur Multiplikation nachweisen, ggf. Förderbedarf feststellen, individuelle Förderung einleiten

E ▸ 59 AH ▸ 60 A ▸ 59

① Ich beherrsche das kleine Einsdurcheins und kann durch Zehner- und Hunderterzahlen dividieren.

a) 9 : 3
90 : 3
90 : 30

b) 24 : 6

c) 35 : 7

d) 56 : 8

e) 72 : 9

② Ich kann verschiedene Rechenwege finden und darstellen.

234 : 6

1	8	0	:	6	=	3	0
	5	4	:	6	=		9

2	4	0	:	6	=	4	0
	4	0	–	1	=		

a) 332 : 4
315 : 7
368 : 8

b) 456 : 6
656 : 8
567 : 9

c) 435 : 5
413 : 7
828 : 9

d) 474 : 6
736 : 8
651 : 7

④ Ich kann hin und her rechnen.

Division

210 : ___ = 70
365 : ___ = 53
___ : 4 = 124

③ Ich kann Lösungen schnell und sicher prüfen.

a) 496 : 8 = 52
292 : 4 = 78
325 : 5 = 65

b) 528 : 6 = 98
649 : 7 = 97
657 : 9 = 63

⑤ Ich verstehe und verwende Fachbegriffe.

Dividiere 324 : 4.

Wie groß ist der Quotient aus 276 und 6?

Meine Zahl ist genau $\frac{1}{4}$ von 500.

Halbiere die Summe aus 235 und 127.

inhaltliche und prozessbezogene Kompetenzen zur Division nachweisen, ggf. Förderbedarf feststellen, individuelle Förderung einleiten

E ▸ 59 AH ▸ 60 A ▸ 59

Ich kenne geometrische Grundformen und kann sie benennen und Eigenschaften angeben.

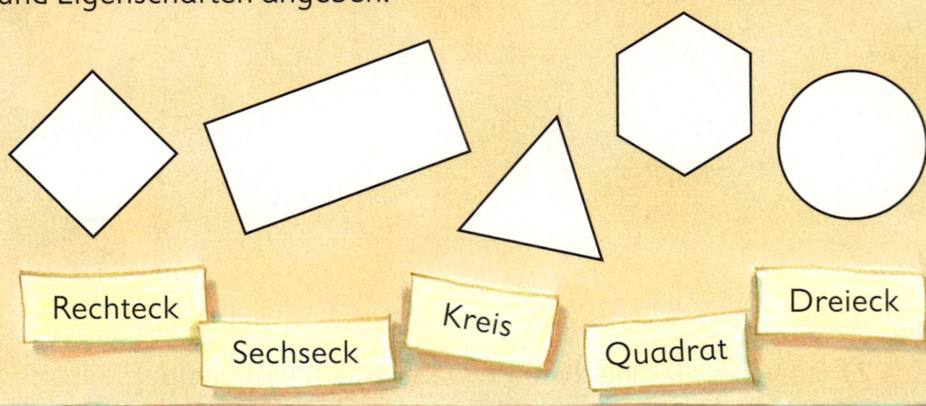

Ich nutze die Symmetrieachse, um symmetrische Figuren herzustellen.
Ich kann Figuren auf Achsensymmetrie überprüfen.

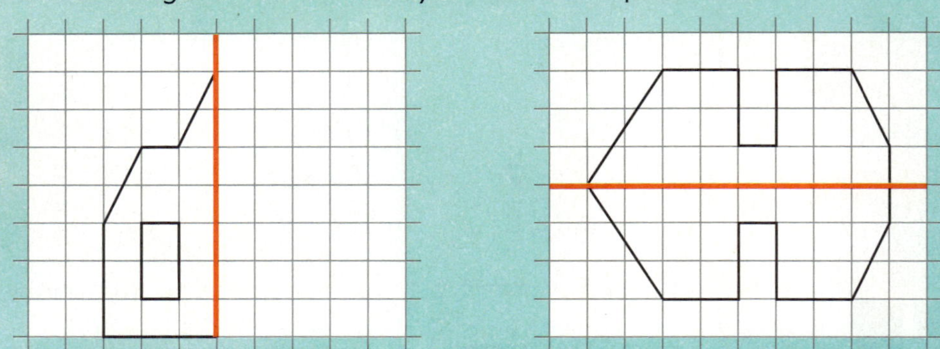

Ich kann Gitter- und Punkteraster zum Zeichnen, Vergrößern und Verkleinern nutzen.

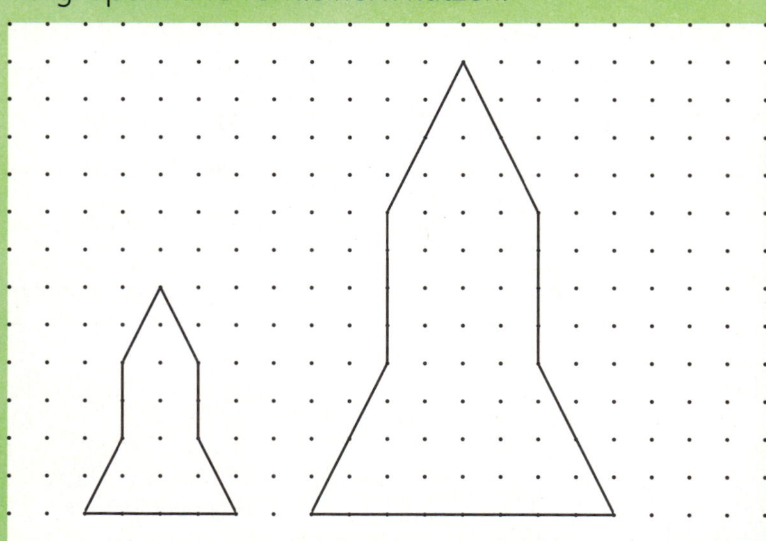

inhaltliche und prozessbezogene Kompetenzen zu Eigenschaften geometrischer Figuren nachweisen, ggf. Förderbedarf feststellen, individuelle Förderung einleiten

E ▸ 60 AH ▸ 61 A ▸ 60

Ich kenne geometrische Grundformen und kann sie benennen und nach Eigenschaften sortieren.

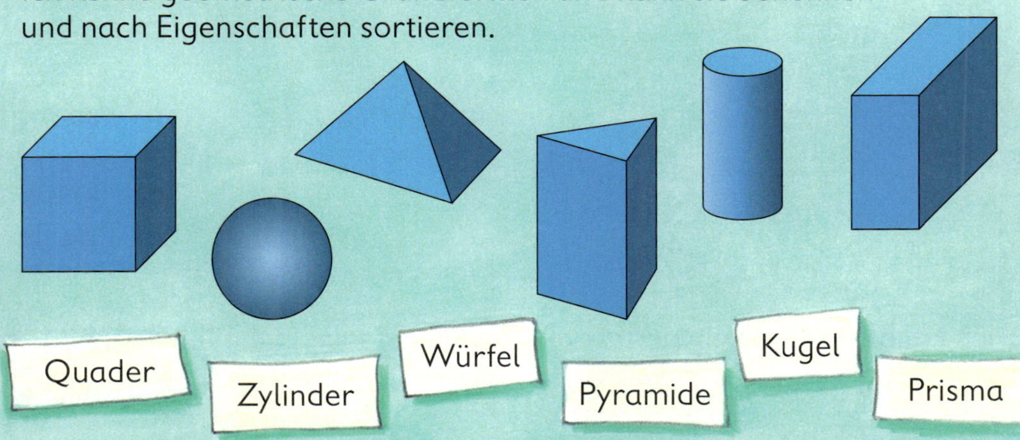

Ich finde verschiedene Netze für Würfel und Quader.

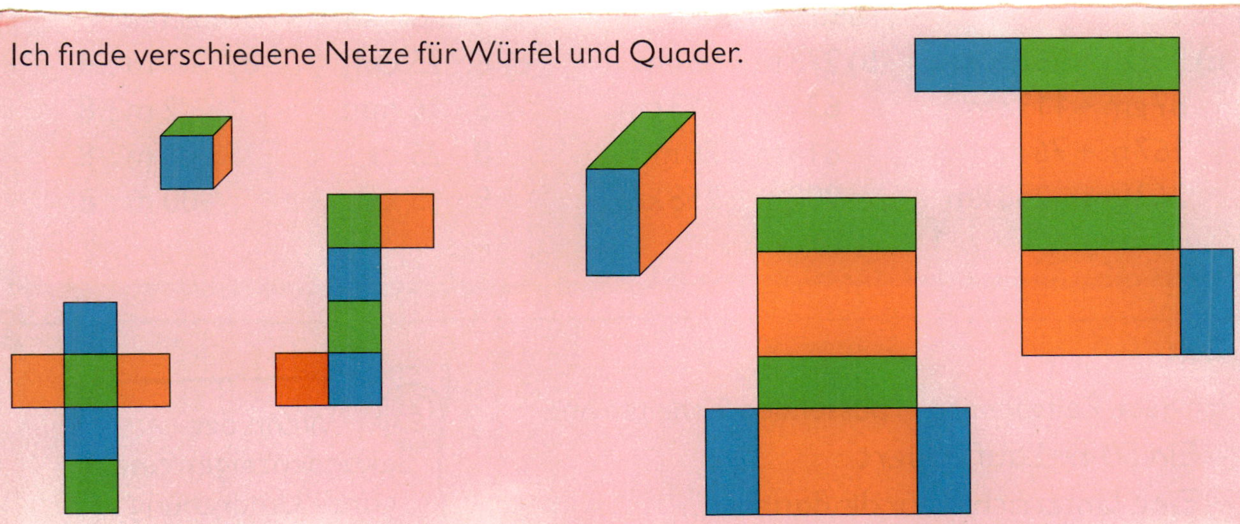

Ich kann Würfelgebäude nach Plan oder Bild bauen und zu einem Würfelgebäude einen Plan erstellen.

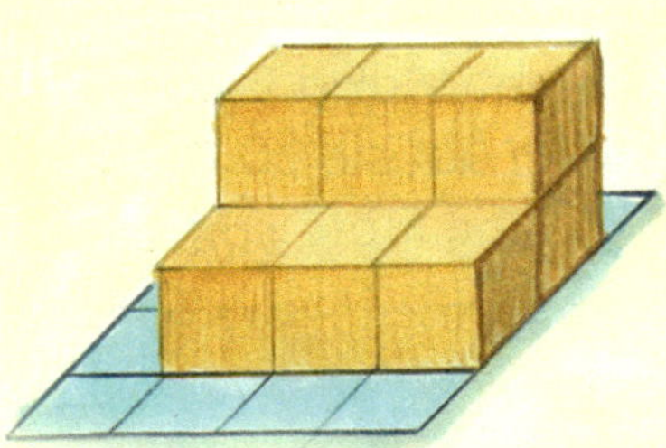

	2	2	2
	1	1	1

Das kann ich jetzt – Längen, Zeit

Längen

Ich verwende beim Messen von Strecken passende Einheiten:

- Rechenkästchen sind 5 mm lang und breit.
- Streichhölzer sind 5 cm lang.
- Leas Springseil ist 1,60 m lang.
- Mios Schulweg ist 2 km lang.

M Beim Schätzen weiß ich: 1 cm – so breit ist ungefähr mein Daumen, 1 m – so lang ist das Tafellineal.

Ich kann die Länge einer Strecke in verschiedenen Einheiten angeben.

6 cm = 60 mm 30 cm = 0,30 m 200 cm = 0,200 km

Ich kann mit Längen rechnen:

addieren	subtrahieren	vervielfachen	dividieren
a) 35 cm + 56 cm	b) 273 m – 56 cm	c) 6 · 25 cm	d) 1 m : 4
87 cm + 113 cm	631 m – 113 cm	5 · 16 mm	2 m : 8
167 m + 76 m	814 m – 76 m	8 · 25 m	200 m : 8
263 km + 258 km	900 m – 258 km	9 · 15 km	400 m : 8

Zeit

Ich gebe Zeitspannen in passenden Einheiten an.

- Ein 50-m-Lauf dauert ...
- Eine Unterrichtsstunde dauert ...
- Das Fußballtraining dauert ...

M Wenn der Sekundenzeiger eine ganze Umdrehung gemacht hat, sind 60 s oder 1 min vergangen.

Ich kann dieselbe Zeitspanne in verschiedenen Einheiten angeben.

90 min = $1\frac{1}{2}$ Std. 3 min = 180 s

Wo werden Zeitspannen bestimmt?
Wo wird mit Zeitspannen gerechnet?

A Für die Hausaufgaben braucht Maria 65 Minuten, dann übt sie 20 Minuten lang Flöte spielen.

B Wie viel Zeit verbringt die Mutter pro Woche mit dem Lesen der Tageszeitung? Täglich liest sie 12 Minuten.

C Der ICE fährt um ___ Uhr in Köln ab und kommt um ___ Uhr in Frankfurt an.

D Mio braucht für den Schulweg 31 Minuten, davon 12 Minuten für die Busfahrt.

E In der Klasse sind 30 Kinder. Eine Doppelstunde Sport dauert 90 Minuten.

Gewichte

Ich verwende beim Wiegen passende Einheiten.

10 g

6 kg

M Vergleichsgewichte:
1 kg ⇨ 1-l-Packung Milch
250 g ⇨ 1 Stück Butter
100 g ⇨ 1 Tafel Schokolade
1 g ⇨ 1 Büroklammer

Ich kann dasselbe Gewicht in verschiedenen Einheiten angeben.

500 g = 0,500 kg   0,630 kg = 630 g

Ich kann Gewichte addieren.

4 kg 600 g + 3 kg 500 g = 8 kg 100 g
4,600 kg + 3,500 kg = 8,100 kg

Ich kann die Differenz von Gewichten bestimmen. Wie groß ist der Unterschied zwischen 1 kg und 650 g?

1000 g – 650 g = 350 g

Ich kann Gewichte vervielfachen.
3 · 330 g
4 · 259 g
8 · 125 g

Ich kann Gewichte dividieren. 1 kg : 2 = $\frac{1}{2}$ kg = 500 g

a) 900 g = ___ kg
800 g = ___ kg
750 g = ___ kg
75 g = ___ kg

b) 0,250 kg = ___ g
0,500 kg = ___ g
0,050 kg = ___ g
0,005 kg = ___ g

c) 5 · 125 g
7 · 130 g
500 g : 4
846 g : 6

d) 1,200 kg : 2
1,200 kg : 4
1,200 kg : 6
1,200 kg : 8

Hohlmaße

Ich gebe das Fassungsvermögen von Gefäßen in Liter/Milliliter an.
Das sind Maßeinheiten für Flüssigkeitsmengen.
Teile dieser Einheiten werden häufig als Bruch angegeben ($\frac{1}{2}$ l).

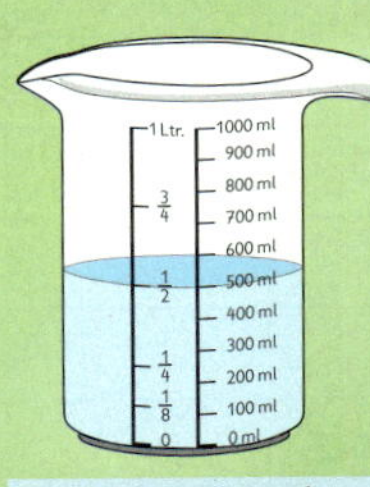

500 ml = $\frac{1}{2}$ l

Ich kann Hohlmaße in verschiedenen Einheiten angeben.

500 ml = 0,5 l = $\frac{1}{2}$ l.

Ich kann Hohlmaße addieren und subtrahieren.

250 ml + 650 ml   800 ml – 530 ml
270 ml + 390 ml   950 ml – 125 ml
415 ml + 285 ml   1000 ml – 125 ml

Ich kann Hohlmaße vervielfachen und dividieren.

5 · 120 ml   25 l : 5
6 · 150 ml   12 l : 2
8 · 125 ml   800 ml : 4

inhaltliche und prozessbezogene Kompetenzen zu den Größenbereichen Gewichte/Volumina nachweisen, ggf. Förderbedarf feststellen, individuelle Förderung einleiten

E ▸ 61 AH ▸ 62 A ▸ 61

Ich kann Sachaufgaben sicher bearbeiten und lösen.

Frankfurter Zoo feiert seinen 150. Geburtstag mit Supereintrittspreisen am 8. August

Frankfurt (dpa)
Am 8. August lädt der Frankfurter Zoo alle Besucher zu seinem 150. Geburtstag ein. An diesem Tag kostet der Eintritt für Erwachsene einen Euro und für Kinder 50 Cent.

Anna gehört mit ihren Eltern und den drei Geschwistern am 8. August 2008 zu den Geburtstagsgästen.

Eintrittspreise Frankfurter Zoo	
Erwachsene	8,00 Euro
Familienkarte (zwei Erwachsene und familienangehörige Kinder)	20,00 Euro
Kinder & Jugendliche (6–17 Jahre)	4,00 Euro
Studenten	3,00 Euro
Wehr- & Zivildienstleistende	4,00 Euro

Das weiß ich schon:

- Auf welchem Geburtstag war Anna?
- Wann war der Geburtstag?
- Wieso hat ihre Familie Geld eingespart?

Das will ich wissen:

- Wie viel hat der Eintritt für alle gekostet?
- Wie viel Geld hat die Familie gespart, weil sie am 8. August den Zoo besuchte?
- Wie viel hätte die Familie an einem anderen Tag bezahlen müssen?

So finde ich das heraus:

Eintrittspreise gültig am 8. August 2008				
	1	2	3	4
Erwachsene	1 €			
Kinder	0,50 €			

Reguläre Eintrittspreise				
	1	2	3	4
Erwachsene	8 €			
Kinder	4 €			
Familien	20 €			

Das weiß ich jetzt:

Am Jubiläumstag hat Annas Familie …

inhaltliche und prozessbezogene Kompetenzen zum Sachrechnen nachweisen, ggf. Förderbedarf feststellen, individuelle Förderung einleiten

E ▸ 62 AH ▸ 63 A ▸ 62

Das kann ich jetzt – Sachrechnen

Ich kann Werkzeuge sinnvoll einsetzen.

Tabellen und Diagramme

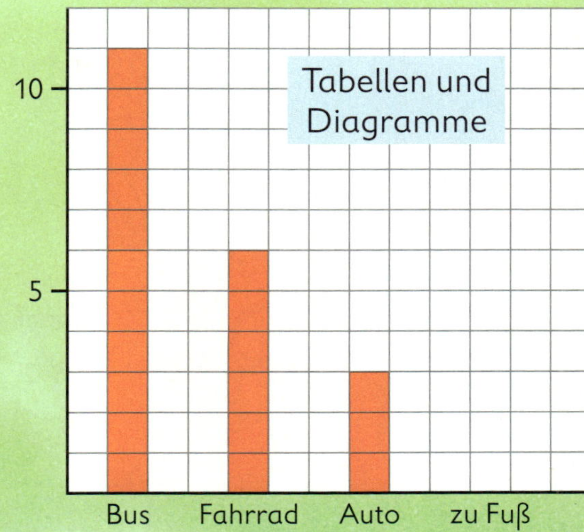

1. In der Klasse 3 b sind 29 Kinder.
   a) Vervollständige das Säulendiagramm.
   b) Stelle die Daten auch als Tabelle dar.
   c) Schreibe eine passende Sachaufgabe.

2.

Skizze

3. Zwei Schnecken machen sich auf den Weg zu einem Tümpel, der 1 km entfernt ist. „Ich schaffe täglich 100 m," sagt die eine. „Ich trainiere behutsam", entgegnet die andere. „Am ersten Tag schleiche ich nur 10 m, am nächsten Tag doppelt so weit usw." Am wievielten Tag kommt die erste Schnecke am Tümpel an?

Skizze

Systematisch probieren und rechnen

4. Max zählt seine Ersparnisse. Er legt die 5-€-Scheine beiseite, die 2-€-Stücke und die 1-€ Stücke. Andere Scheine oder Münzen hat er nicht in seiner Spardose. „Zusammen 38 Scheine und Münzen", stellt er fest. „Ich habe genau 100 € gespart." Wie viele 5-€-Scheine, 2-€-Stücke und 1-€-Stücke waren in der Spardose?
   a) Finde eine Möglichkeit.
   b) Finde mehrere Möglichkeiten.
   c) Finde auch die Lösung von Super M.

Zahlentafel

2	4	6	8	1	9
4	8	7	3	6	5
5	3	2	6	9	4
7	9	6	3	1	8
8	3	9	2	5	7
4	1	5	2	7	1

(1) Felder erobern mit Quadraten – ein Spiel für 2 bis 4 Mitspieler
Ziel des Spiels ist es, aus Quadraten der Zahlentafel möglichst viele Felder der Hundertertafel als Ergebnisfelder berechnen zu können.

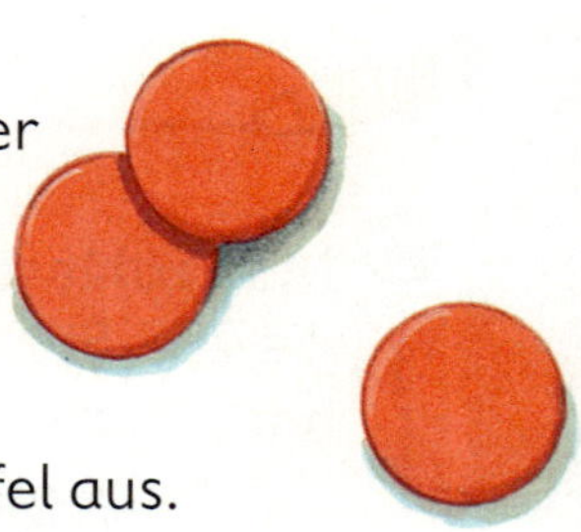

Spielmaterial: für jeden Spieler etwa 30 Plättchen einer Farbe

Spielregeln:
- Suche dir ein beliebiges Zahlenquadrat aus 4 Zahlen auf der Zahlentafel aus.
- Bilde mit den 4 Zahlen eine Aufgabe. Du darfst +, −, · oder : rechnen, aber jede Zahl nur einmal benutzen.
- Belege in der Ergebnistafel das Ergebnisfeld mit einem Plättchen.
- Wenn das Ergebnisfeld schon besetzt ist, hast du Pech gehabt, und der nächste Spieler ist an der Reihe.
- Gewonnen hat der Spieler, der nach 20 Minuten die meisten Plättchen auf der Ergebnistafel liegen hat.

E ▸ 63 A ▸ 63

Ergebnistafel

1	2	3	4	5	6	7	8	9	10
11	12	13	14	15	16	17	18	19	20
21	22	23	24	25	26	27	28	29	30
31	32	33	34	35	36	37	38	39	40
41	42	43	44	45	46	47	48	49	50
51	52	53	54	55	56	57	58	59	60
61	62	63	64	65	66	67	68	69	70
71	72	73	74	75	76	77	78	79	80
81	82	83	84	85	86	87	88	89	90
91	92	93	94	95	96	97	98	99	100

(2) Aus einem Quadrat kannst du viele verschiedene Ergebnisse berechnen.

$4 \cdot 6 + 8 + 7 = 39$

$4 + 6 + 8 + 7 = 25$

$4 + 6 + 8 \cdot 7 = 66$

$4 + 6 + 8 - 7 = 11$

$6 - 4 + 8 - 7 = 3$

$6 \cdot 8 + 7 - 4 = 51$

(3) Findest du ein Quadrat, mit dem du die 99 berechnen kannst?

Wie geht es weiter?

1325

① Ordne richtig zu.

a) 

b) 

c) 

A 1424

B 2153

C 1231

② Schreibe die nächsten 6 Zahlen in dein Heft.

T	H	Z	E
	5	0	0
1	0	0	0
1	5	0	0
2	0	0	0

③ Wie viel mehr als 1000 €?

a) 

b) 

④

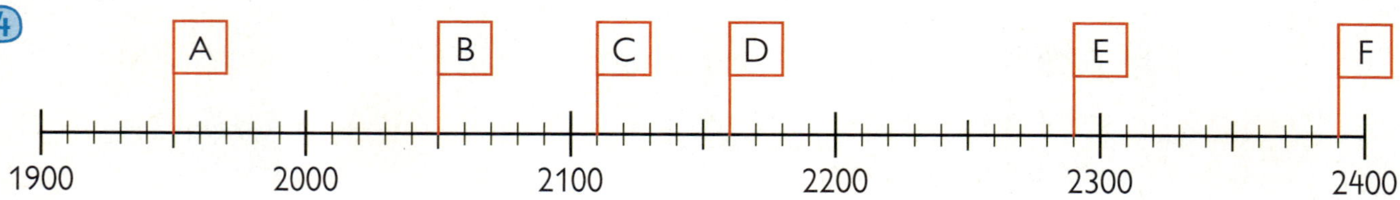

a) Bei welchen Zahlen stehen die Fahnen?

b) Alle Fahnen werden um 100 nach rechts verschoben. Bei welchen Zahlen stehen die Fahnen dann?

c) Alle Fahnen werden um 50 nach links verschoben. Bei welchen Zahlen stehen die Fahnen dann?

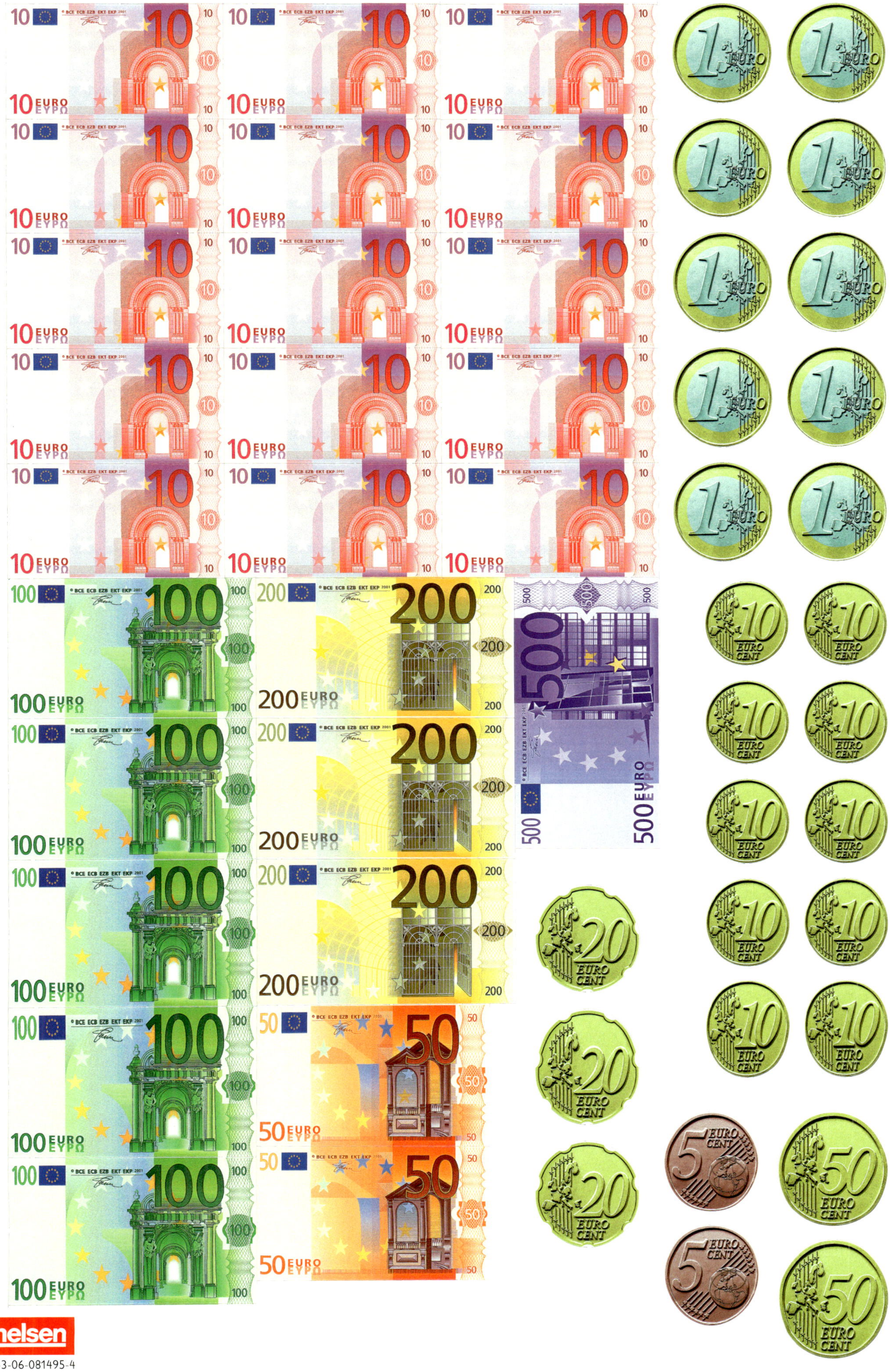

Cornelsen
ISBN 978-3-06-081495-4

10
012345678900
10 EURO
500
200
100
50
2002

Cornelsen

ISBN 978-3-06-081496-1

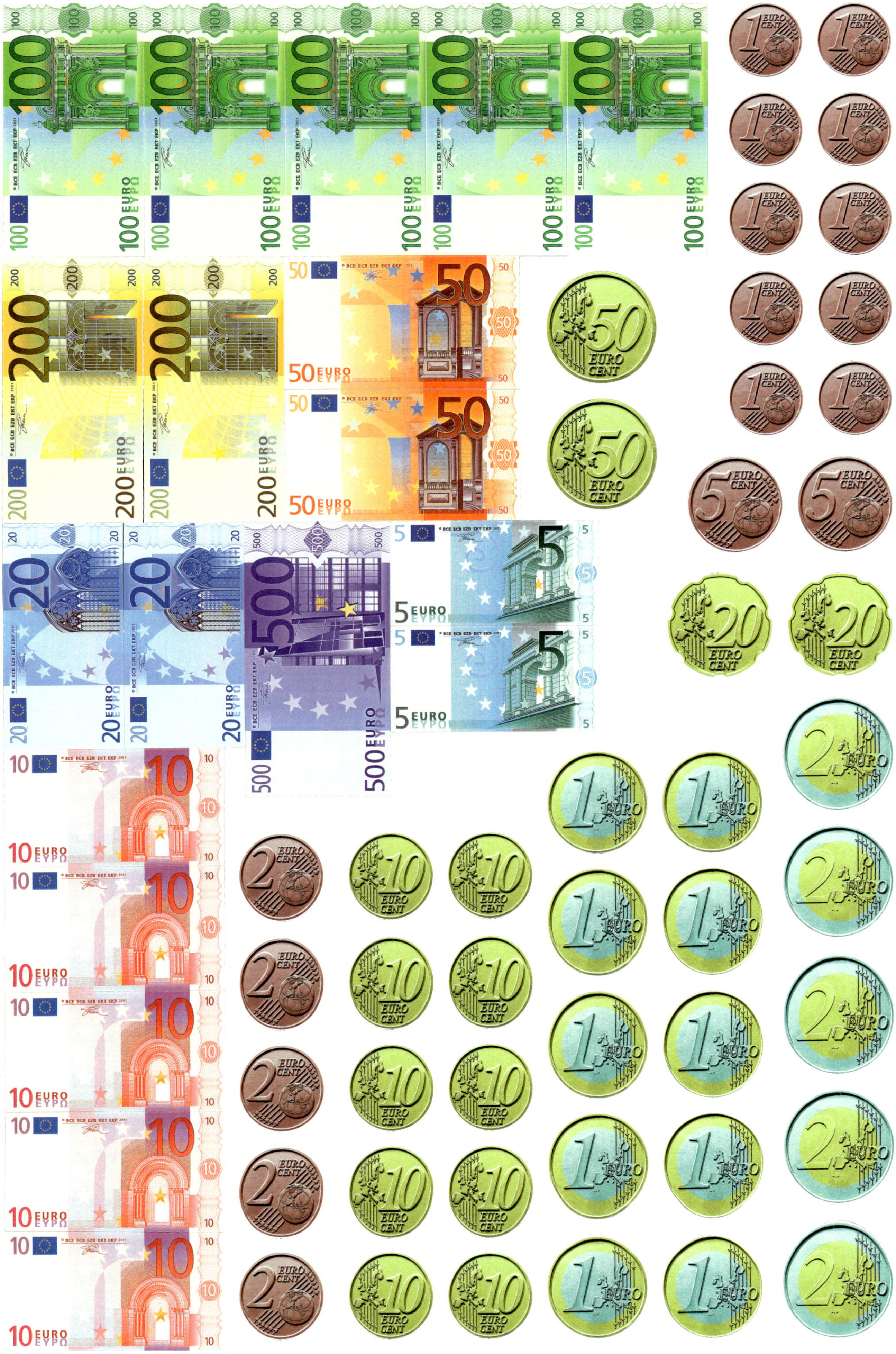

100 EURO
50 EURO
200 EURO
5 EURO
500 EURO
20 EURO
10 EURO
012345678900
2002